中国科协学科发展研究系列报告

中国科学技术协会／主编

中国茶叶学会 ｜ 编著

REPORT ON ADVANCES IN
TEA SCIENCE

中国科学技术出版社
·北 京·

图书在版编目（CIP）数据

2016–2017 茶学学科发展报告 / 中国科学技术协会主编．—北京：中国科学技术出版社，2019.8
（中国科协学科发展研究系列报告）
ISBN 978-7-5046-7988-8

Ⅰ.①2… Ⅱ.①中… Ⅲ.①茶文化－学科发展－研究报告－中国－2016-2017 Ⅳ.①TS971.21

中国版本图书馆 CIP 数据核字（2018）第 055384 号

策划编辑	吕建华　许　慧
责任编辑	王　菡　许　慧
装帧设计	中文天地
责任校对	杨京华
责任印制	李晓霖
出　　版	中国科学技术出版社
发　　行	中国科学技术出版社有限公司发行部
地　　址	北京市海淀区中关村南大街16号
邮　　编	100081
发行电话	010-62173865
传　　真	010-62173081
网　　址	http://www.cspbooks.com.cn
开　　本	787mm × 1092mm　1/16
字　　数	215千字
印　　张	9.5
版　　次	2019年8月第1版
印　　次	2019年8月第1次印刷
印　　刷	河北鑫兆源印刷有限公司
书　　号	ISBN 978-7-5046-7988-8 / TS · 93
定　　价	60.00元

2016—2017

茶学学科发展报告

首席科学家 江用文

学术顾问组 陈宗懋 杨亚军 宛晓春

专 家 组 （按姓氏笔画排序）

组 长 江用文

副组长 阮建云

成 员 王岳飞 王新超 尤志明 尹军峰 成 浩 刘仲华 刘 新 江用文 阮建云 张正竹 陈宗懋 陈 亮 林 智 房婉萍 姜仁华 姜爱芹 夏 涛 梁月荣 彭 萍 鲁成银 蔡晓明

学术秘书 （按姓氏笔画排序）

刘 栩 刘 畅 周智修 梁国彪 潘 蓉

序
FOREWORD

中共十八大以来，以习近平同志为核心的党中央把科技创新摆在国家发展全局的核心位置，高度重视科技事业发展，我国科技事业取得举世瞩目的成就，科技创新水平加速迈向国际第一方阵。我国科技创新正在由跟跑为主转向更多领域并跑、领跑，成为全球瞩目的创新创业热土，新时代新征程对科技创新的战略需求前所未有。掌握学科发展态势和规律，明确学科发展的重点领域和方向，进一步优化科技资源分配，培育具有竞争新优势的战略支点和突破口，筹划学科布局，对我国创新体系建设具有重要意义。

2016 年，中国科学技术协会（以下简称“中国科协”）组织了化学、昆虫学、心理学等 30 个全国学会，分别就其学科或领域的发展现状、国内外发展趋势、最新动态等进行了系统梳理，编写了 30 卷《学科发展报告（2016—2017）》，以及 1 卷《学科发展报告综合卷（2016—2017）》。从本次出版的学科发展报告可以看出，近两年来我国学科发展取得了长足的进步：我国在量子通信、天文学、超级计算机等领域处于并跑甚至领跑态势，生命科学、脑科学、物理学、数学、先进核能等诸多学科领域研究取得了丰硕成果，面向深海、深地、深空、深蓝领域的重大研究以“顶天立地”之态服务国家重大需求，医学、农业、计算机、电子信息、材料等诸多学科领域也取得长足的进步。

在这些喜人成绩的背后，仍然存在一些制约科技发展的问题，如学科发展前瞻性不强，学科在区域、机构、学科之间发展不平衡，学科平台建设重复、缺少统筹规划与监管，科技创新仍然面临体制机制障碍，学术和人才评价体系不够完善等。因此，迫切需要破除体制机制障碍、突出重大需求和问题导向、完善学科发展布局、加强人才队伍建设，以推动学科持续良性发展。

近年来，中国科协组织所属全国学会发挥各自优势，聚集全国高质量学术资源和优秀人才队伍，持续开展学科发展研究。从 2006 年开始，通过每两年对不同的学科（领域）分批次地开展学科发展研究，形成了具有重要学术价值和持久学术影响力的《中国科协学科发展研究系列报告》。截至 2015 年，中国科协已经先后组织 110 个全国学会，开展了 220 次学科发展研究，编辑出版系列学科发展报告 220 卷，有 600 余位中国科学院和中国工程院院士、约 2 万位专家学者参与学科发展研讨，8000 余位专家执笔撰写学科发展报告，通过对学科整体发展态势、学术影响、国际合作、人才队伍建设、成果与动态等方面最新进展的梳理和分析，以及子学科领域国内外研究进展、子学科发展趋势与展望等的综述，提出了学科发展趋势和发展策略。因涉及学科众多、内容丰富、信息权威，不仅吸引了国内外科学界的广泛关注，更得到了国家有关决策部门的高度重视，为国家规划科技创新战略布局、制定学科发展路线图提供了重要参考。

10 余年来，中国科协学科发展研究及发布已形成规模和特色，逐步形成了稳定的研究、编撰和服务管理团队。《2016—2017 学科发展报告》凝聚了 2000 位专家的潜心研究成果。在此我衷心感谢各相关学会的大力支持！衷心感谢各学科专家的积极参与！衷心感谢编写组、出版社、秘书处等全体人员的努力与付出！同时希望中国科协及其所属全国学会进一步加强学科发展研究，建立我国学科发展研究支撑体系，为我国科技创新提供有效的决策依据与智力支持！

当今，全球科技环境正处于发展、变革和调整的关键时期，科学技术事业从来没有像今天这样肩负着如此重大的社会使命，科学家也从来没有像今天这样肩负着如此重大的社会责任。我们要准确把握世界科技发展新趋势，树立创新自信，把握世界新一轮科技革命和产业变革大势，深入实施创新驱动发展战略，不断增强经济创新力和竞争力，加快建设创新型国家，为实现中华民族伟大复兴的中国梦提供强有力的科技支撑，为建成全面小康社会和创新型国家做出更大的贡献，交出一份无愧于新时代新使命、无愧于党和广大科技工作者的合格答卷！

2018 年 3 月

“十二五”以来，茶叶产业快速发展，在促进农业增效、农民增收、农村增绿中发挥的作用进一步得到提升。在茶叶产业需求的拉动下，茶学学科建设不断加强，科研经费投入明显增长，科研条件不断改善，茶学学科队伍不断壮大，茶学研究取得了新进展。新兴学科不断在茶学中渗透和融合，新技术不断应用于茶学，传统茶树育种、栽培、加工等领域进一步深入发展，茶树分子生物学、茶叶深加工、茶叶健康等新兴领域不断产生和成长。为系统总结近年来茶学学科取得的成果，谋划茶学学科的未来发展，茶学会承担了 2016—2017 年学科发展报告任务。

为完成《2016—2017 茶学学科发展报告》的编写工作，中国茶叶学会组织了以陈宗懋院士、杨亚军研究员、宛晓春教授为学术顾问，江用文研究员为首席科学家、多位本领域知名专家参加的编委会。本报告由 10 个领域的专题报告和综合报告构成，邀请全国茶学各领域的 60 余位专家参加编写。参加编写的专家全面收集和分析了 2010 年以来国内外相关科技文献，收集整理的文献逾 2000 份，在全面梳理和掌握国内外研究现状的基础上，各领域专家撰写出领域专题发展报告初稿，并进行了 3 次审稿和修改完善。在编写过程中，首席科学家组织工作组制定实施工作方案，抓好重要节点，坚持保质量保进度；学会共组织了 3 次学术研讨会，邀请 100 多位专家、学者参加学术讨论，广泛听取意见，集思广益。至此，完成了《2016—2017 茶学学科发展报告》的编写。本报告是在《2009—2010 茶学学科发展报告》基础之上，对近 7 年来的茶学学科发展进行全面系统的总结，内容涵盖了茶学学科的主要研究领域。报告站在学科前沿高度，全面总结我国茶学学科的最新研究进展，凝练出茶学近年来取得的新发现、新发明和新技术，分析比较了国内外茶学研究进展，指出我国茶学的优势和差距，展望了今后我国茶学发展趋势和重点任务。我们希望本报告的出版能为茶业科技工作者发挥指导作用，也能为希望了解茶学发展的科技管理工作者和相关学科的专家提供参考。

本报告的编写，得到了中国科协学会学术部的大力支持。编写过程中，全体编写人员、审稿专家和工作人员付出了辛勤劳动，咨询专家提出了宝贵建议。在此，向为本报告编写做出贡献和提供帮助的有关单位和全体人员表示衷心感谢！

由于编写时间较短，报告中难免存在不当之处，欢迎专家、读者批评指正。

中国茶叶学会

2018 年 4 月

序 / 韩启德

前言 / 中国茶叶学会

综合报告

茶学学科研究现状和发展趋势 / 003

一、引言 / 003

二、茶学学科发展现状 / 004

三、茶学学科国内外研究进展比较 / 014

四、茶学学科发展趋势及展望 / 019

专题报告

茶树种质资源研究进展 / 029

茶树育种学研究进展 / 038

茶树栽培学研究进展 / 047

茶树植物保护学研究进展 / 059

茶叶加工学研究进展 / 067

茶叶深加工研究进展 / 075

茶叶保健功能与机理研究进展 / 087

茶树分子生物学研究进展 / 095

茶叶质量安全研究进展 / 106

茶产业经济研究进展 / 113

ABSTRACTS

Comprehensive Report

Report on Advances in Tea Science Disciplines / 123

Reports on Special Topics

Advances in Tea Germplasm / 128

Advances in Tea Plant Breeding / 129

Advances in Tea Cultivation / 130

Advances in Tea Plant Protection / 131

Advances in Tea Manufacture / 132

Advances in Tea Deep-processing / 132

Advances in Tea and Human Health / 133

Advances in Tea Plant Molecular Biology / 134

Advances in Tea Quality and Safety / 136

Advances in Tea Industry Economic Research / 137

索引 / 139

综合报告

茶学学科研究现状和发展趋势

一、引言

茶学是一门应用学科，植根于茶叶产业，因此茶叶产业的兴衰决定着茶学发展。2011年以来，茶叶产业继续保持快速发展，对农业增效、农民增收、农村增绿发挥了重要作用。2017年全国茶园面积为284.9万公顷、茶叶产量达到246万吨，茶叶的农业产值达1906.7亿元，比2010年分别增长47.5%、68.3%和241.4%。中国保持全球第一大产茶国的地位进一步巩固，茶叶产量占全球总量的比重从2010年的34.4%提高到2016年的42.7%，远高于第二大产茶国印度的23%。近年来，茶叶产业继续向中西部地区云南、贵州、四川、湖北、湖南等省转移，成为中西部贫困地区扶贫的支柱产业。茶叶产业链不断延长，茶叶加工业规模扩大，2016年规模以上企业的主营业务收入达到2204亿元，比2010年增长1倍以上。

茶叶产业的发展和地位的提升为茶业科技发展提供了机遇。“十二五”期间，茶业科技投入明显增长，科研条件明显改善，茶业科研队伍规模不断扩大，促进了茶业科技创新。如农业部设立的茶叶产业技术体系，“十二五”新增2个岗位专家和8个试验站，岗位专家总数达到27个，试验站为31个，年度经费3770万元；“国家茶产业工程技术研究中心”通过科技部验收，“茶树生物学与资源利用省部共建国家重点实验室”获科技部批准建立，组建了国家级茶产业技术创新战略联盟；科技部首次给茶业安排国家支撑计划1个项目。同时各主要产茶省支持茶叶科技创新的平台、项目也明显增加。

“十二五”期间，随着茶叶产业规模的扩大和外部环境的变化，茶业出现了现有发展理念、发展方式难以维持的问题，如产能过剩、产品结构与市场需求不匹配、茶业劳动力短缺等。解决上述问题，必须依靠科技创新推动茶叶产业供给侧结构性改革。

茶学主要通过为茶叶产业服务、解决茶叶产业存在的关键科技问题，使自身得到进步。同时，茶学作为一门学科，具有自身发展要求，根据学科发展趋势，开展茶学基础研究、新技术应用和学科交叉研究，是促进茶学发展又一重要途径。

2011 年以来，我国茶业科技取得了明显进展。率先完成茶树基因组的测序，已公布茶树全基因组序列；应用高通量测序技术发掘出茶树规模化基因，采用转录组、蛋白组、代谢组等“组学”技术多角度解析茶树重要性状的形成机制。茶树种质资源收集保存规模进一步扩大，种质资源遗传多样性居世界前列；特异资源的创新利用明显加快。育成一批优良无性系茶树新品种，其中通过国家级鉴定 37 个，获得植物新品种权 31 个；育种材料创新技术取得新进展，建立了双无性系茶树人工杂交体系，茶树转基因技术稳步推进。进一步揭示茶园土壤质量的变化，提出改良茶园土壤酸化的技术措施，研制出茶园施肥新技术；茶园耕作机械化取得重要进展。对我国茶树主要病虫害茶小绿叶蝉、茶尺蠖和茶炭疽病进行鉴定和命名；茶树病虫害的绿色防控技术取得重要进展。研制出一批茶叶加工新装备、新技术，黑茶渥堆和发花技术、茶叶色选技术取得重要突破。探明茶饮料的沉淀机制，茶饮料风味调控、儿茶素等茶叶功能成分的分离纯化技术取得新进展。农药残留等茶叶质量安全检测技术研究取得重要进展，茶叶质量安全风险评估与控制取得成效。进一步研究明确了不同茶类对不同疾病的防治效果，并探明起作用的部分活性成分。茶产业经济研究逐步深入，研究内容从以生产端为主向消费市场研究拓展，为茶叶产业发展提出了多项重要建议。

二、茶学学科发展现状

（一）茶学学科研究进展

1. 茶树分子生物学

2010 年以来，以基因组学、转录组学、蛋白组学、代谢组学等“组学”为代表的研究策略不断应用于茶树分子生物学研究，促进了茶树分子生物学研究从单个基因的鉴定、克隆到规模化基因发掘、功能鉴定以及蛋白质、代谢等层面的发展，茶树分子生物学研究取得了较明显进展。

完成了首例茶树基因组测序。茶树遗传学研究的最大瓶颈在于对茶树基因组的认识基本是空白，因此，对茶树开展全基因组测序，有助于了解茶树的基因组结构和功能，有助于指导茶树重要功能基因的定位和克隆、分子标记辅助选择育种等。国内多家单位相继开展了不同品种的茶树全基因组测序。2017 年，中国科学院昆明植物所完成了世界上首例茶树全基因序列的测定，并公布了全基因组序列。

应用高通量测序技术发掘茶树规模化基因。利用转录组测序技术（RNA–seq）解析了影响茶叶品质的特有代谢物（如黄酮类、咖啡碱、茶氨酸等）的代谢途径所涉及的基因，并发现了一些新的基因，为全面解析茶树独特品质形成的分子本质打下良好的基础。明确了儿茶素没食子酰基化途径及相关基因。研究了影响茶树咖啡碱生物合成的关键酶 N- 甲基转移酶（N-methyltransferases，NMTs）基因及其与咖啡碱含量的关系，鉴定出影响不同品种咖啡碱含量的单核苷酸多态性（single nucleotide polymorphism，SNP）位点；证明了乙胺为茶氨酸生物合成的主要限制因素。采用转录组测序结合数字表达谱技术（DGE）研究茶树抗逆机理，分析比较了茶树不同冷驯化阶段基因表达的差异，鉴定出 2 条与茶树冷驯化诱导抗寒性提高的重要代谢通路：碳水化合物代谢通路和钙离子信号传导通路在茶树抗寒响应中起着重要的作用。并以此为基础，鉴定出大批与抗寒相关的基因。此后，转录组学技术广泛应用于抗寒、抗旱、抗病虫、生长发育以及特异性状形成如白（黄）化茶树品种的机理研究等诸多方面，目前已经成为茶树分子生物学研究常用的技术手段之一。

蛋白组学、代谢组学分析技术的应用推动了茶树分子生物学的深入研究。研究比较了黄化品种和正常绿色品种的蛋白质组水平的差异，其结果发现，多条代谢途径中涉及的关键酶类蛋白质水平的改变，可能与黄化品种诸多特异性状的形成有关。采用代谢组学分析手段研究了光强度和温度对茶叶品种成分的影响，分析了春季不同时期茶树的初级和次级代谢物的差异，揭示了春季不同时期绿茶品质代谢成分波动的成因。这些新型技术手段的单独或联合使用，可以从多角度解析茶树重要性状的形成机制，并利用这些机制来改良茶树品种或调控品质的形成。

2. 茶树种质资源

中国是世界茶树的原产地，茶树种质资源分布广，种类多。截至 2016 年年底，国家种质杭州茶树圃和勐海分圃已收集保存国内 20 个省市区、9 个国家的茶组植物资源 3400 多份，其中野生资源约占 10%、地方品种约占 60%、选育品种和育种材料占 30%，是目前世界上保存茶树资源类型最多、遗传多样性水平最丰富的茶树种质资源库。

国家种质杭州茶树圃种质资源保存量持续增加。到 2016 年共保存资源 2214 份，包括山茶科山茶属茶组植物的厚轴茶、大厂茶、大理茶、秃房茶和茶 5 个品种，及白毛茶和阿萨姆茶等 2 个变种，此外还保存了 24 份山茶属近缘植物。国家种质勐海茶树分圃已收集保存了茶组植物 1199 份茶树资源，其中野生资源 244 份，栽培资源 953 份，过渡型资源 2 份。

种质资源的科学鉴定和评价是优异资源发掘和利用的前提。近年来，种质鉴定评价方法和技术的标准化、遗传多样性分析、核心种质构建和优质特异资源的发掘等方面都取得了较大的进展。同时，遗传多样性的检测手段日益成熟和多样化，可以从形态多样性，生化成分多样性和脱氧核糖核酸（DNA）水平多样性等角度和层次揭示茶树种质资源的遗传变异。

利用 23 对核基因组微卫星（SSR）标记对采自中国和印度的茶树种质资源开展了栽培驯化起源研究。研究结果表明：茶树可以分为 3 个遗传分组，即小叶类型茶、来自中国的大叶茶和来自印度的大叶茶，并首次发现中国云南栽培的大叶茶代表新的遗传谱系。

特异资源的开发和利用得到高度重视。‘紫娟’为紫芽茶资源，紫芽、紫叶、紫茎，制成的绿茶汤色亦为紫色，香气郁香独特，花青素含量约为一般红芽茶的 3 倍，已在全国推广上万亩。利用浙江天台、缙云和龙游等地特异资源育成了‘中黄 1 号’‘中黄 2 号’‘中黄 3 号’等黄叶茶新品种，已在浙江和四川等地推广应用。利用湖南地方品种保靖黄金茶选育出‘保靖黄金茶 1 号’‘黄金茶 2 号’‘黄金茶 168 号’等一批优异的新品种，创制的黄金茶产品获得了国家地理标志农产品，亩产值上万元。

3. 茶树育种

为了适应茶叶产业发展需求，近年来茶树育种目标向多样化、精细化和专用化的方向转变。

育种材料创新取得重要进展，为实现育种目标多样化奠定了良好基础。在探明不同茶树品种开花、结实率特点基础上，提出了双无性系茶树人工杂交体系，使杂种 F1 代变异范围广、个体数量充足，而且杂种优势突出，如产量高、EGCG 等功能成分含量高、咖啡碱含量低、茶叶香气高而持久、抗寒力和抗病力明显增强等。$^{60}Co-\gamma$ 射线诱变育种和太空育种技术得到更好地利用；农杆菌、基因枪等转基因技术应用于定向创造抗虫、抗病、抗寒、抗盐、低咖啡碱等性状改良上并初现成效。

育种鉴定技术多样化及其应用，有利于茶树育种目标精准定位。基因组学、代谢组学、蛋白质组学技术以及色谱新技术的应用，使茶叶品种化学成分含量与感官品质之间的关系更加明晰，品质鉴定更精准；茶树 – 昆虫互作的化学生态学技术、抗性酶及其相关基因标记技术在茶树品种抗性鉴定中的应用，有力推进了抗性育种；光合系统活力鉴定技术和计算机模型技术在茶叶产量鉴定中的应用，提高了育种童期产量预测的准确率，加速了育种早期选优汰劣进程，提高育种效率。茶树育种程序进一步优化，国家级和省级区试同步进行，使国家茶树品种的育种周期缩短了 6 年以上。2010—2016 年期间，全国累计有 37 个无性系茶树品种通过国家级鉴定，56 个通过省级审（认）定或登记，31 个获得植物新品种权。其中农艺或品质性状有明显特色的品种有：特早生品种，如‘中茶 108’‘特早 213’‘鄂茶 5 号’‘黄金茶 168 号’等的一芽二叶期比‘福鼎大白茶’早 10 天以上；高氨基酸品种，如‘石佛翠’‘春兰’‘黄金茶 2 号’‘黄金茶 168 号’等。

茶树良种的繁育技术取得新进展，缩短了育苗周期，促进了无性系茶树良种化进程。“覆膜扦插技术”和“地膜配套保温棚技术”的应用，免除了扦插初期浇水及后期除草工作，保护茶苗越冬促进茶苗生长，提高成活率和出圃率；“高密高效茶树短穗扦插技术”使扦插密度提高 60% ~ 100%，每亩合格苗出圃率提高 1 倍以上，提高了土地利用率和单位苗圃地的产出；“无纺布育苗袋”的应用和“全光照喷雾育苗”遮阴，建立了“夏季繁苗、秋季出圃”的半年育苗模式；茶树胚培养技术、组培苗增殖技术以及组培苗温室直接生根技术的综合应用，加速了杂交 F1 代的群体构建和新品种育成进程。

4. 茶树营养与栽培

茶园土壤在全球碳循环中起着重要作用。茶园土壤研究除了关注长期植茶后茶园土壤有机质变化特点外，还越来越重视茶园土壤在全球碳循环中所起的重要作用，分子技术手段开始成为研究茶园土壤的技术手段。对茶树主要营养元素（氮、磷、钾等）的营养功能、茶树吸收特性及其在茶叶品质成分代谢中的作用等有了更深入的认识，大量元素的营养功能除了决定着茶叶氨基酸、类黄酮的代谢，同时决定着茶树香气前体物质脂质的代谢；在茶树养分转运子基因克隆、氮营养分子生理机制、抗环境胁迫的分子基础等方面研究逐渐深入。茶园有机肥施用技术开始大面积推广，茶园土壤和茶叶重金属含量调查从区域性扩展到全国。

近年来，茶园机械化耕作、优质绿茶机采技术的研究取得新进展。提出了优质绿茶机采茶园的树冠培养模式、采摘适期指标，机械化采摘及分级处理技术，研制出了新型便携式名优茶采摘机、鲜叶筛分机等关键设备，优质茶机采叶完整率为 70% 左右，为实现名优茶的机采机制奠定了良好基础。

5. 茶树植物保护

应用分子生物学技术和形态学手段，对我国茶树主要病虫害种名有了重新认识。我国茶园主要刺吸类害虫：茶小绿叶蝉，种名应为小贯小绿叶蝉（*Empoasca onukii*），而非假眼小绿叶蝉（*Empoasca vitis*）；我国茶园害虫中常称的“茶尺蠖”实际包含茶尺蠖（*Ectropis obliqua*）、灰茶尺蠖（*Ectropis grisescens*）两个种。

茶树病虫害绿色防控技术有较大发展。基于越冬基数、冬季最低气温和早春平均气温等主要影响因子，构建了基于 Web 的茶树病虫害监测预警系统平台。根据广东清源、广西桂林、湖北黄冈等 16 个监测点的系统数据，发布了不同茶区各年度叶蝉的发生趋势预报，平均预测准确率达到 85.3%。与此同时，构建了茶小绿叶蝉发生量和防治适期预测，其准确率为 80%。长期以来市场上茶园黏虫色板产品无统一的颜色描述方式、颜色多样，各种产品诱杀效果参差不齐。通过将最佳诱捕色数字化，茶小绿叶蝉、茶棍蓟马黏虫色板实现了标准化、高效化。相较于市场上常规黏虫色板，数字化色板对茶小绿叶蝉、茶棍蓟马的诱杀效果分别提高了 30% ~ 50%、85.01%。目前，数字化色板已在全国茶区应用了超过 1000 多万块。茶园普遍采用的频振式电网型杀虫灯，诱虫光源光谱范围宽，大量误杀天敌昆虫。依据茶园害虫、天敌的趋光光谱特征差异，研制出了天敌友好型窄波（LED）杀虫灯。相对于频振式电网型杀虫灯，天敌友好型 LED 杀虫灯对茶小绿叶蝉诱杀量提高 141%，对茶园主要害虫诱杀量提高 87%；对茶园天敌昆虫的诱杀量有明显下降，实现了茶园害虫诱杀的精准化、高效化，最大限度降低了对天敌昆虫的误杀，保护了茶园生态环境。

先进科学技术的引入提高了茶树病虫防控的研究水平。通过刺探电位图谱技术，证实茶小绿叶蝉是破损细胞取食者，同时证实了茶小绿叶蝉在不同茶树品种上的取食行为差异和抗性因子定位。采用气相色谱与触角电位联用技术、气相质谱联用仪、制备液相色谱仪、风洞生测技术等多种技术手段，成功鉴定出了茶尺蠖和灰茶尺蠖的性信息素成分。在此基础上研制出的灰茶尺蠖性诱芯的诱蛾效果是其他三种相似商品的 4 ~ 200 多倍。利用热解析—气质联用仪证实，由于组分重叠，茶园背景气味可干扰引诱剂在茶园对茶小绿叶蝉的引诱效果。这一发现为发展茶树害虫植物源引诱剂提供了新思路。

茶园化学农药的合理化应用取得重要进展。陈宗懋等提出应以茶汤中的农药残留水平作为农药安全评价指标和制定茶叶中农药最大残留限量的主要依据，已被 2016 年第 48 届国际食品法典农药残留委员会大会接受。目前各产茶国均把农药的水溶解度作为茶园农药选用的重要指标。2011—2013 年国家茶产业体系对我国各茶区的茶叶、茶产品农残检测结果显示，吡虫啉和啶虫脒两种农药的检出率很高，分别为 60.7% ~ 63.5%、64.1% ~ 65.2%。随后研究显示茶叶中吡虫啉和啶虫脒的农药残留在茶汤中有较高的浸出率，分别为 29% ~ 45% 和 68% ~ 85%。考虑到这两种高水溶性新烟碱类农药对饮茶者的安全风险，2014 年国家茶产业体系提出了吡虫啉和啶虫脒在茶产业的风险预警，并进行了替代农药品种的筛选、示范和推广。筛选出的溴虫腈、茚虫威、唑虫酰胺等三种低水溶性农药对靶标害虫的防治效果显著优于吡虫啉、啶虫脒，且防治成本较低。目前已在全国范围示范推广 35 万亩茶园，获得一致的好评。

6. 茶叶加工

2010 年以来，茶叶加工学以促进茶叶加工省力化、产品优质化为目标，在茶叶加工基础研究、茶叶加工工艺升级、设备研制和新产品开发等方面取得了较大进展。

茶叶在制品理化特性研究方面，明确了萎凋和揉捻过程中在制品柔软性、可塑性、弹性等物性的变化规律。儿茶素转化途径的研究取得了新进展，发现了儿茶素氧化的新途径，可形成具有苯骈卓酚酮结构的儿茶素低聚物；发现了黑茶渥堆后出现了普洱茶素、茯砖茶素等新的儿茶素类衍生物，获得了普洱熟茶和安化黑茶的香气特征物质，普洱熟茶的香气特征物质以杂氧化合物和醇类为主，安化黑茶则以酮类和碳氢化合物为主。

茶叶初加工在萎凋、杀青、发酵、干燥等关键技术的研究方面取得了新进展。绿茶加工主要针对杀青技术展开了系统研究，红茶加工重点研究发酵技术，黑茶加工重点研究渥堆技术，研究内容集中于能源改进、精准调控、品质优化、连续化作业等，关键工序的工艺特性及在制品理化变化规律进一步明确。加工技术取得了多层次、多方位的发展，设施摊青萎凋技术、光补偿萎凋技术、组合杀青技术、电磁内热杀青技术、新型发酵程度判别技术、黑茶发花和自动化加工技术、控温控湿做青技术、远红外提香技术、微域提香技术等均取得重要突破。

茶叶再加工研究主要集中于花茶、紧压茶及超微茶粉等加工技术创新。花茶窨制提出了拌合窨、隔离窨、高压喷香等多种新技术，在生产上获得少量应用。黑茶紧压茶已研制出可连续自动化的黑茶压制生产线，实现渥堆仓温度自动监测和自动翻转。气流粉碎、球磨粉碎等新技术相继研发成功，已能制得粒径为 6.56μm 的超微茶粉，大大拓宽了超微茶粉的应用领域。

研制出全彩色 CCD（电荷耦合元件）的色选机，提高色选机拣梗去杂的效果，拓展了色选机的功能。研制出新一代自动拼配匀堆机，具有可连续化作业、配比准确、粉尘少等特点。茶叶包装设备进一步提升，实现了自动称量、自动充填、抽真空（充惰性气体）及制袋包装的全过程自动化。

7. 茶叶深加工

茶叶深加工在茶饮料和茶功能成分提制技术研究、深加工终端产品的研发方面取得新进展。

速溶茶提制技术通过应用萃取新装置、酶解新工艺、专用 RO 膜过滤、冷冻浓缩、连续真空冷冻干燥和低温喷雾干燥等新技术，为速溶茶风味品质提升奠定了更好的技术基础。速溶茶提制中农药残留去除技术、降氟技术、重金属（砷、铅）去除技术取得了突破。研制出流动性好、溶解性好、抗潮性好的中空颗粒型速溶茶。研究提出多种茶饮料品质提升技术，采用单宁酶降低苦涩、增进回甘，纤维素酶和果胶酶提高茶汁浓度，风味蛋白酶提高茶汁鲜味，复合多糖酶提高茶汁浓度和改善滋味品质，添加糖类物质提高茶浓缩汁稳定性以防范沉淀物形成。

茶叶功能成分提制新技术取得新进展。应用超临界 CO_2 和亚临界提取技术使茶叶提取物实现了有机溶剂零残留，反渗透膜浓缩和低负压蒸发技术减少了在浓缩过程中茶多酚氧化与儿茶素的热异构化；筛选出多种用于柱层析分离的介质。通过吸附树脂分离、膜分离技术与酶工程组合，构建了绿色高效的茶多酚分离纯化技术体系，并研发出脱咖啡因儿茶素、高酯化儿茶素、低苦涩味儿茶素等新产品。通过研究应用模拟移动床色谱、大容量三柱串联型高速逆流色谱仪，实现了混合物的连续进样和分离，制备效率显著提高，EGCG 单体、EGC、ECG 和 EC 等儿茶素单体的制备已由千克级向吨级规模跨越。儿茶素的酶促氧化制备茶黄素取得了有价值的进展，成为经济可行的新途径。采用半制备 HPLC 或中压制备液相色谱技术已分离纯化出 4 种茶黄素单体 TF、TF-3-G、TF-3’-G、TFDG。L- 茶氨酸综合提取分离技术日趋成熟；利用茶叶、枯草芽孢杆菌与硝基还原假单孢菌等不同微生物或混合微生物释放的酶类进行茶氨酸的生物合成，取得了新的进展。

茶叶深加工终端产品研究新进展。EGCG、茶氨酸、茶树花、茶叶籽油被我国列为新资源食品，为其在食品领域的大量应用提供了法律保障。以茶叶或与药食同源植物配方提取或采用微生物液态发酵，研制了多种具有降压抗衰老、安眠益生、解酒、降脂减肥等功能的速溶茶新产品。添加一定比例的茶多酚、茶提取物、超微茶粉研制一系列功能型休闲食品，如清口茶爽含片、无糖系列含片、绿茶提取物含片、抹茶巧克力、清嘴含片。以茶叶功能成分为活性原料的含茶个人护理品，成为茶叶深加工产品研发的亮点，如含茶的口腔护理用品、洗浴用品、洗发用品、洗手用品、美妆品、卫生用品等。

8. 茶叶质量安全

茶叶质量安全检测技术研究取得新进展。农药残留检测技术在快速、简单、绿色和高通量样品前处理等方面取得长足进展，丙基乙二胺（PSA）、石墨炭黑等混合吸附剂能有效地去除茶叶基质，开发出基于 QuEChERS 快速、简单的样品前处理技术。碳纳米管、石墨烯材料等新型材料在茶叶农药残留检测前处理中的应用，取得较好的效果。茶叶农药残留高通量检测技术取得快速发展，开发成功茶叶中 653 种农药残留 GC-MS 和 HPLC-MS/MS 检测方法。重金属元素总量检测技术研究趋向于快速、无损的多元素检测，电感耦合等离子体质谱仪已广泛应用于多元素的检测，微波消解已经成为主要的消解方式，“+ICP-MS”联用技术成为茶叶中元素价态形态检测分析的主要手段。采用稳定同位素技术用于对不同产区茶叶溯源分析，取得了较高的判别准确率；引入二维码、RFID、无线传感网等物联网新技术，实现了从产地到茶杯的全程溯源管理。初步建立茶叶品质成分库；电子舌、电子鼻、近红外光谱等技术在茶叶品质分析的应用研究取得重要进展。

茶叶标准体系初步建立。国内建立国家、行业、地方、团体和企业五级标准制度，构成了我国的茶叶标准体系的构架。茶树种苗、茶鲜叶要求等基础性标准逐步完善，全产业链标准不断延伸，从茶园到茶杯全程控制标准基本形成。中国参与并主导 ISO 标准中的绿茶和乌龙茶制定。

茶叶质量安全风险评估研究走向系统、规范。茶叶中污染物的评价从危害评估向风险评估转变，采用非致癌化学污染物暴露风险评估模型对茶叶中稀土进行评估，依据评估结果取消了茶叶中稀土的限量。

9. 茶与健康研究

饮茶与癌症。研究表明，绿茶活性成分茶多酚对不同部位肿瘤的发生与发展都具有抑制作用，但在人体上的研究结果与在动物上的研究结果并不完全一致。饮茶对前列腺癌、口腔癌、乳腺癌、肝癌、直肠癌与胆管癌等多种癌症具有较好的保护作用，但是，有些与流行性病学研究得出的结论并不一致。进一步研究探明其原因，一是由于人体血液中茶叶活性成分浓度比实验动物血液中的活性成分浓度要低上百倍，二是茶叶活性成分生物可利用性差。

饮茶与心血管疾病。近年来动物实验和临床研究显示，茶叶具有抗凝、促进纤溶、改善血管内皮功能、降血压、调血脂、抗炎症、抗氧化以及抗增生等方面的作用。绿茶能够显著地降低血液中总胆固醇以及低密度脂蛋白胆固醇的浓度，从而有效地降低心血管疾病的风险。普洱茶、绿茶和红茶能够调节机体代谢内环境的平衡，能够通过降低脂肪酸合成酶的表达水平和增加 MAPK 的磷酸化水平而激活 MAPK 通路来有效改善果糖诱导高脂血症大鼠的代谢紊乱。

饮茶与减肥降脂。细胞、动物、人体实验以及流行病学研究均表明，饮茶可以调节脂类代谢，降低血液中的总胆固醇、甘油三酯、低密度脂蛋白固醇，还能降低其他器官及组织如肝脏、肾脏等的脂质含量，从而抑制肥胖及高血脂症的发生和发展，降低 AS、冠心病等各种心脑血管疾病的发生率和死亡率。

饮茶与糖尿病。在动物实验中，服用红茶能降低血液中蛋白质和脂质过氧化指标。绿茶可以抑制糖尿病高血压大鼠体中糖原合成酶激酶 GSK3 与 p53 相互作用，从而减少足突状细胞的凋亡，减轻蛋白尿和肾毒性。糖尿病大鼠饮用白茶 2 个月后，可有效地防止睾丸氧化应激反应，提高精液浓度和质量，保护生殖健康。饮茶还可以改善糖尿病引发的一系列并发症。研究还发现，EGCG 能显著改善机体的葡萄糖耐受量，咖啡碱可能是茶叶降低血糖水平的关键成分，均可用于治疗Ⅱ型糖尿病。

茶叶的抗菌和抗病毒功效。绿茶提取物对金黄色葡萄球菌（SA）、耐甲氧西林金黄色葡萄球菌（MRSA）具有一定的抑菌作用，其主要有效成分为茶多酚。绿茶提取物对于人类皮肤致病菌如表皮葡萄球菌、藤黄微球菌和亚麻短杆菌等和大肠杆菌以及幽门螺杆菌也有较强的抑制作用。白茶对 SA 的抑菌效果较强。普洱茶提取物对李斯特菌和沙门氏菌等有明显的抑菌效果；茯砖茶的浸提物对一些芽孢形成菌如蜡状芽孢杆菌具有抑制作用。对龋齿主要致病菌变形链球菌的抗菌效果，红茶的效果优于绿茶。在抗病毒的研究上，研究发现 EGCG 和表儿茶素没食子酸酯（ECG）对流感病毒、乙肝病毒（HBV）、疱疹病毒和寨卡病毒等有抑制效果，EGCG 具有抑制基孔肯雅病毒感染和寨卡病毒感染的活性。红茶中的茶黄素衍生物也具有抗流感病毒复制和抗炎活性，茶黄素具有抑制杯状病毒的活性。白茶提取物对 HBsAg 和 HBeAg 均有显著的抑制作用；普洱茶提取物对乙肝病毒有抑制作用。研究还提出茶叶有效成分的抗菌和抗病毒的机理。

茶叶对神经退行性疾病的效果。研究表明，绿茶和红茶对帕金森病有一定预防效果。

10. 茶产业经济

近年来，我国茶产业规模不断扩大，茶产业发展进入提质增效、转型升级的关键时期。茶产业经济针对我国茶叶生产、流通、消费和贸易等方面出现的一些新情况、新问题开展深入研究，呈现出以下特点：即从定性分析到定量研究、以生产端为主向消费市场研究转移、由关注产业发展规模到关注产业发展品质转变。

分析指出影响茶叶生产的主要因素。生产成本增加、市场需求不足成为茶农增收的限制因素。随着消费者对茶叶质量安全问题越来越关注，茶叶生产经济重点研究了如何从源头上保证茶叶质量安全，提出通过提高茶叶产业组织化程度、构建农业推广体系、提供技术培训以及规范农药市场等是提高种植环节茶叶质量安全水平的重要措施。

茶叶消费与茶叶出口的变化。2013 年以来，茶叶销售的量价配合调整持续进行，总体呈现出高端茶和低档茶减少、中档茶增加的特征。各类茶叶流通渠道日渐成熟，电商、茶园、茶馆等资源越来越多地整合到茶叶企业营销战略中，茶叶产品销售渠道更加丰富。我国电子商务的高速扩张带动茶叶电子商务膨胀式增长，提升了茶叶消费量，提高了茶叶消费渗透率。电商品牌化与品牌电商化成为我国电子商务市场发展的主要方向，茶叶电子商务线上线下互动融合更加紧密。市场消费茶类品种增多，新产品不断涌现。随着互联网购物和茶文化不断推广，年轻消费人群的比重逐步上升；茶叶消费者偏好正发生变化，个性化消费需求增加，产品细分更加明显。茶叶消费由主要受价格影响，转变为价格、口感、文化价值、保健价值以及品牌等多因素的影响。茶叶出口受到以欧盟的农药残留标准和日本的肯定列表制度为代表的技术性贸易壁垒的影响，成为制约中国茶叶出口的主要障碍。

茶产业发展战略。第一，加强茶叶品牌建设。针对我国茶产业仍然呈现“名茶强势，名牌弱势”的局面，其远远不能满足做强茶产业的需要，品牌建设是增强我国茶产业竞争力的重要抓手，在“区域公用品牌 + 企业品牌”的“母子”品牌框架下，通过资源整合，塑造大品牌，获取品牌溢价是我国茶叶企业品牌打造和提升的重要途径。第二，推进茶业融合发展。一、二、三产业融合发展为茶产业发展提供了新途径并着力发展以茶为主题的观光体验旅游，包括茶叶产区旅游、茶叶加工体验、茶艺培训等体验式消费模式日益增多。“以茶促旅，以旅促茶”的茶旅融合发展模式对茶叶消费的带动效果逐步显现。

（二）学术建制、团队建设和科研平台

1. 茶学学术建制进一步完善

近年来，随着茶叶产业在“三农”中地位不断提升，茶叶学术建制不断充实完善。

（1）茶学专业学术机构规模进一步扩大

目前，我国基本形成了一支包括 2 个国家级茶叶研究所、12 个省（自治区、直辖市）级茶叶研究所、10 个地市级茶叶研究所、高校茶叶研究所 14 个以及 52 所设立了本、专科茶学专业的高校组成的茶学专业学术机构。据不完全统计，2016 年我国专职从事茶叶科技和教学的人员（包括硕博士研究生和博士后）1700 余人，与 2009 年同口径相比增长 12.5%。

（2）茶学专业人才培养规模进一步扩大

2011 年以来，全国 10 所大学相继新增设立茶学本科专业（方向）。截至 2016 年，我国有 52 所高校设立了茶学专业，其中 25 所设立了茶学本科专业（方向），27 所设立了茶学专科专业。

（3）茶学专业学术共同体不断发展壮大

近年来，随着茶科技和茶文化的发展，全国各地纷纷成立茶叶学会或茶文化研究会。据不完全统计，2010 年成立的省级茶叶学会 2 家、地级市茶叶学会不少于 3 家；省级茶文化研究会 2 家，地市级茶文化研究会不少于 10 家，使我国省级及以上茶叶学会达到 21 家，茶文化研究会达到 18 家以上。我国已形成了不同类别、不同层次的茶学学术共同体。如行业内规模最大、国家级一级学会中国茶叶学会，2017 年拥有个人会员 9875 名、团体会员 678 家，分别比 2010 年增加 3.8% 和 19.4%。

（4）学术交流蓬勃发展

学术交流是学科保持生命力的重要保障。自 2011 年以来，我国茶叶学术机构和学术团体先后主办或承办了中国科协 2 次分会场论坛、7 次国际茶叶学术会议、3 次海峡两岸暨港澳茶业学术研讨会以及学术团体年会，其中中国茶叶学会每年举办的茶业科技年会，

近几年参会人数均在千人以上。这些会议在国内外引起热烈反响，促进了国内外茶学学术交流，提升了我国茶学研究在国内外的影响力。

（5）茶学专业学术刊物保持稳定发展，影响力逐渐提高

2015 年《福建茶叶》入选北京大学《中文核心期刊要目总览》，使我国茶学专业中文核心期刊增加到 2 家；国内茶叶期刊年度文献量从 2010 年 1600 多篇增加到 2016 年 4400 篇以上;《茶叶科学》核心影响因子从 2010 年 0.755 上升到 2016 年 1.118，名列中文核心期刊园艺组第二名。

（6）茶学学术成果评价机制得到进一步完善

2015 年中国茶叶学会首次在行业内制定了《茶叶科技成果评价办法》，规范了与茶叶有关的原始创新、集成创新的技术成果、理论成果等的评价，开展了“中国茶叶学会科学技术奖”和“中国茶叶学会青年科技奖”的申报评选工作，评选出科学技术特等奖 1 项、一等奖 6 项、二等奖 12 项、三等奖 15 项、青年科技奖 36 名。一些涉茶龙头企业开始设立茶学专业奖学金，奖励优秀的茶学教师和学业优秀本科生、研究生，支持茶学后备人才的培养。

2. 人才培养与队伍建设

（1）茶学本专科专业设置及招生规模

目前，我国茶学专业高等教育人才培养方向主要分为：茶学、茶文化（茶艺、茶道）、茶文化与贸易（营销）、茶叶加工四个方向。全国招收本、专科茶学专业学生的院校共计 52 所（本科 25 所，专科 27 所），其中拥有国家茶学重点学科高校 1 所、国家茶学重点培育学科（特色专业）2 所、省级重点学科（特色专业）9 所。全日制在校本、专科学生约 9850 人（不含中专及函授学生），其中本科生为 5700 人，比 2009 年增加 1.2 倍。

（2）茶学硕博士专业设置及招生规模

目前全国拥有茶学博士学位授权点的高校和科研院所主要有安徽农业大学、福建农林大学、湖南农业大学、华南农业大学、华中农业大学、山东农业大学、四川农业大学、西南大学、浙江大学、南京农业大学、西北农林科技大学、中国农业科学院茶叶研究所等 12 个单位，另有超过 18 个单位拥有硕士学位授权点，24 个单位拥有学士学位授予权。在校硕博士生 650 人，其中博士生为 150 人，硕博士生人数比 2009 年增加 24.8%。

（3）学科团队建设

近年来，在国家、省相继出台政策的大力支持下，我国茶学学科团队得到快速发展。国家茶叶产业技术体系“十三五”发展壮大了由首席科学家领衔，30 个岗位专家团队、30 个试验站团队共 720 人组成的国家茶叶产业技术研发团队；四川等 10 个产茶省也相继建立了省级茶叶产业技术体系研发团队；涉茶高校和科研院所也纷纷出台政策成立科研团队，且取得较大成效，部分团队如“茶树次生代谢与茶叶质量安全创新团队”“茶产业科技创新团队”“茶树营养与生理创新团队”等入选省部级创新团队。目前，我国已经形成

了一支包括院士、知名专家在内的从事茶叶教学、科学研究、技术推广的人才队伍。据不完全统计，截至 2016 年底，全国 16 个产茶省在职从事茶叶教研推的专业技术人员有 2487 人，其中具有正高级职称 231 人，副高级职称 778 人，中级职称 1068 人，初级职称 410 人；其中来自高校 323 人，来自科研机构 720 人，来自推广部门 1405 人。

3. 研究平台建设

近年来，我国茶叶领域新增省部共建国家重点实验室 1 个、农业部学科群综合性重点实验室和专业重点实验室各 1 个，已经建成了包括国家和部省级重点实验室、工程技术研究中心、改良中心、国家产业技术研发中心、国家种质资源圃、国家农产品加工技术研发茶叶分中心、国家和部省茶叶质量检测中心、农业部风险评估实验室、野外科学观测台站、试验基地等不同层次、具不同功能和目标的茶叶研究平台体系。其中国家级平台包括茶树生物学与资源利用国家重点实验室、国家茶产业工程技术研究中心、国家植物功能成分利用工程技术研究中心、国家茶树改良中心（包括安徽、湖南分中心）、国家种质杭州茶树圃（含勐海分圃）、国家茶叶质量监督检验测试中心等；部级平台包括：农业部特种经济动植物生物学与遗传育种（综合性）重点实验室等 4 个部级重点实验室、农业部福建茶树及乌龙茶加工科学观测实验站等 3 个科学观测实验站、农业部茶叶产品质量安全风险评估实验室（杭州）、茶树遗传改良等 6 个国家茶产业技术研发中心功能研究室、农业部杭州茶树资源重点野外科学观测试验站、农业部福安茶树资源重点野外科学观测试验站、农业部茶叶质量安全监督检验测试中心等；省级平台包括：浙江省茶叶加工工程重点实验室等 2 个重点实验室、湖南省天然产物工程技术研究中心等 4 个工程技术研究中心、浙江省茶产业科技创新服务平台、湖南省等 7 个省级茶叶检测中心等。近年来，这些平台基础条件和设施得到了更新，功能获得进一步完善，发挥了科技平台的功能和作用，支撑了我国茶叶科技研究与产业服务的需求。

三、茶学学科国内外研究进展比较

2010 年以来，我国茶学研究取得了明显进展，整体学术水平达到国际先进水平，与国际领先水平的差距正在缩小，部分研究方向也形成自身的优势。

我国在茶树分子生物学研究方面取得明显进展，完成了世界上首例茶树全基因序列的测定并公布了全基因组序列，处于国际领先水平。茶树病虫害化学生态防治研究、茶叶功能成分提制技术研究取得重要进展，处于国际同类研究的领先水平。保存的茶树种质资源遗传多样性最为丰富，种质资源性状鉴定评价指标较系统。育成的茶树品种数最多，特别是绿茶品种的性状具有明显优势。茶树营养、养分管理和施肥技术研究方面比国外更全面深入。茶叶加工自动化水平有较快提升，特别是黑茶、功夫红茶加工技术研究取得明显进展。下面分领域进行分析比较：

1. 茶树分子生物学

2010 年以来，我国在利用多组学技术高通量解析茶树重要性状的分子机理研究上的投入远远高于其他产茶国，在该领域的研究广度上处于国际领先水平，特别是全基因组测序的初步完成和序列的公布，把我国分子生物学研究的整体水平向前推动了一大步。但在一些研究方面，如重要性状控制基因的功能鉴定、遗传规律解析以及育种利用上，我国相关研究的深度还不够。2015 年日本科学家在国际著名植物学期刊 *Plant Physiology* 上发表了一篇有关催化茶树香气物质 β－樱草糖苷形成的 UDP–糖苷转移酶（CsGT1 和 CsGT1）功能鉴定的文章，文章从基因序列发掘、蛋白结构解析到酶学功能鉴定都进行了系统的研究，值得我国科学家借鉴。

2001 年印度就报道了茶树转基因成功的案例，并在最近几年，又相继报道了多例茶树转基因成功的实例，获得了转基因茶树植株。我国在茶树遗传转化方面的研究却相对滞后，在转化效率、转化技术手段上取得了一定的进展，但仍然没有获得转基因植株的成功报道，这也成为我国茶树分子生物学研究最大的技术瓶颈之一，严重制约了我国茶树功能基因组学发展的步伐。

2. 茶树种质资源

我国收集保存的茶树资源数量多，类型丰富。国内外均重视优异种质资源的发掘研究，鉴定评价的性状集中在叶色变异、抗逆性、抗病虫、功能性成分等一些与育种和生产密切相关的重要性状上。但不同国家依据各自的种质资源特点和产业需求，在种质发掘的重点上有所区别。例如，日本重点鉴定和发掘抗炭疽病、抗桑盾蚧、高氮素利用率、高稀有儿茶素和花香型资源；印度重点开展抗茶饼病、抗螨、抗霜冻、耐水淹资源的鉴定和发掘；肯尼亚重点开展抗旱种质的筛选。我国则主要针对叶色变异、早生、耐寒、抗病虫、高香型、低咖啡碱、高茶氨酸和儿茶素等性状开展鉴定和发掘。

3. 茶树育种

我国近几年在育种材料创新、育种早期鉴定技术、良种繁育技术均取得明显进展，育成一大批受茶叶生产商欢迎的新品种，茶树良种化速度加快。但是，我国茶树育种同国外领先水平相比，还存在一定的差距。

第一，定向诱变和育种材料创新技术有待提升。我国在咖啡碱合成、儿茶素类物质合成、萌芽期、耐贫瘠等方面获得了一些分子或功能标记，并利用花粉管通道法获得了含有抗虫基因的茶籽。但茶树的结实率和茶籽的生长发育均受到明显抑制，是否能稳定遗传尚未可知。日本的茶树抗病力相关基因挖掘和育种分子标记开发取得了较大突破。印度利用农杆菌介导法获得抗茶饼病和渗透蛋白转基因茶树，利用基因枪法获得抗虫和低咖啡碱转基因茶树植株。我国虽然较早利用转基因手段进行茶树遗传转化研究，但由于植株再生技术没有新突破，转基因研究仍然停留在提高转化率上，与国外存在较大的差距。

第二，精准的育种鉴定技术有待突破。国外开发了茶树品种产量预测模型 CUPPA、

UPLC/QqQ-MS/MS 分析、近红外反射光谱（NIRS）、吸附柱结合溶剂辅助香气蒸发（SAFE）等技术用于茶树的产量、品质成分及含量、品种适制性等的早期鉴定，并利用多目标代谢组学技术和电子计算机模型分别预测茶叶在试育种材料的品质和产量潜力，效果良好。我国也利用代谢组学技术研究了北方茶树品种与抗寒相关的化学成分，并利用 UPLC/QqQ-MS/MS 分析技术，一次性检测鉴定 15 种茶树的黄烷醇及其糖苷等，但在育种鉴定技术领域的研究仍有待加强。

第三，功能育种有待加速。日本培育出甲基化 EGCG 含量高的品种‘Benifuuki’，用其原料加工出具有抗过敏效果的功能茶饮料。斯里兰卡和印度等国在培育高 EGCG 茶树品系方面收到明显效果。我国的茶树功能育种尚处于起步阶段。花青素具有抗氧化作用，我国已培育出花青素含量为 3% 左右的‘紫鹃’和‘紫嫣’，在高 EGCG、甲基化 EGCG、高茶氨酸茶树新品系方面也取得了明显效果。

4. 茶树栽培

茶园土壤研究主要围绕土壤有机质、土壤微生物、土壤酸化以及土壤质量评价这四个方面。近几年国内研究明确了茶园土壤有机质组成特性及其主控因子、解析了茶园土壤微生物种群特征与养分转化的相关酶活性、分析了土壤致酸原因以及围绕致酸原因而开展的茶园土壤酸化改良技术研究，研究建立了土壤质量、生态、风险评价模式。国外研究结果进一步说明并解释了我们的研究结果。有研究学者发现，由于茶树修剪物的大量还原，无论是否施用有机改良剂，近20年来日本茶园土壤有机质以2.0 ~ 2.5g · kg^{-1} · yr^{-1} 速度增加。另外，有研究表明种植茶树加速了土壤中硅酸盐化合物和含铁化合物的矿化，也加速了土壤中钾、钙流失和铝硅累积，同时植茶引起的土壤侵蚀加剧也是导致茶园土壤酸化的原因之一。

国内关于茶树营养、养分管理和施肥技术的研究较为全面。大量元素氮磷钾的研究基本明确了其与茶树品质建成关系以及在茶树抗性方面的贡献；中微量元素钙镁硼等的研究除了明确其对茶树特征品质成分的影响，另外还有近年来发展起来的基于中微量元素的茶叶产地识别技术；而对茶树来说的有益元素铝的研究进一步明确了铝可促进茶树生长发育和品质建成。相对来说，国外学者在这一块的研究则较少，相关研究围绕磷、硼、铝等一些元素展开。机械施肥技术、水肥一体化技术、控释肥施用技术以及有机肥施用技术主要围绕一些施肥技术参数的确定和适宜的氮磷钾养分比例；国外研究方面，印度也开展了一些有机肥长期定位施用试验，结果表明与施用化肥相比，施用有机肥 4 年后尽管降低了产量但茶叶品质有所提升。施肥的环境效应，国内外研究相对集中在茶园土壤温室气体 N_2O 的排放。

茶树分子营养调控机制研究尚处于起步阶段。国外研究比我国相对领先，特别是在小 RNA 的研究上，通过数据库信息挖掘鉴定了茶树中特有的 miRNAs，从转录后调控水平上补充了茶树分子营养调控机制。茶叶重金属含量现状研究以国内为主，国外研究仅有少数报道。

5. 茶树植物保护

对我国茶树主要病虫害茶小绿叶蝉、茶尺蠖和茶炭疽病病原的种名进行了重新鉴定，为准确防治奠定科学基础。近几年我国茶树病虫害绿色防控技术取得明显进展，茶园化学农药的合理化应用水平提高，筛选出了溴虫腈、茚虫威、唑虫酰胺等高效、低水溶性的替代农药品种；研制出茶小绿叶蝉、茶棍蓟马的黏虫色板和天敌友好型LED杀虫灯，诱杀效果明显提高，实现了茶园害虫诱杀的精准化、高效化；成功鉴定出了茶尺蠖和灰茶尺蠖的性信息素成分，研制出灰茶尺蠖性诱剂。

但我国茶树植保在以下研究方向还存在不足：

第一，茶树抗病虫品种选育进展慢。日本将分子生物学技术运用到抗病虫茶树育种中，分离和克隆出了与抗性有关的基因，把基因型和表现型关联起来，提高了茶树育种的准确性和速度，使得育种周期缩短到10年以下。近年来日本连续育成了Saeakari、Nanmei等抗炭疽病、抗轮斑病和抗桑盾蚧的品种。这些品种在日本茶产业中发挥了重要的作用。我国多采用传统方式选育茶树抗病虫品种，虽然分子生物学技术在这方面的应用开始受到一定的关注，但还缺乏实质性的进展。

第二，茶树病虫害防治的基础研究不够系统。日本在基础研究方面十分注重多学科的融合，同时注重基础研究与应用研究的有机结合。这样，许多基础研究的成果就能够在生产应用中落地生根。如茶小卷叶蛾（*Adoxophyes honmai*）性信息素研究过程中，融合了昆虫生理学、化学合成、剂型制备、微电子学、植物保护、信息科学等多个学科，研制出了价廉物美的茶小卷叶蛾缓释性信息素迷向制剂。该制剂的防治效果与化学农药相当，但成本却比化学防治低。目前已替代了化学农药，在日本茶叶产区广泛应用。日本科研工作者还能够从小处着手，深入挖掘有价值的发现，最后解决产业上的大问题。如发现日本茶园重要害虫，桑盾蚧（*Pseudaulacaspis pentagona*），初孵若虫对水非常敏感，科研工作者从这个发现入手，提出在卵盛孵期喷施清水防治桑盾蚧，该技术操作简便，成本低廉、效果良好，已在日本全国推行。我国茶树重大害虫，茶小绿叶蝉以及盲蝽、蓟马等新发生害虫和茶树病害都还缺乏高效的无害化控制手段。借鉴日本的研究方略和经验，有助于我国茶园绿色防控技术研究的发展。

6. 茶叶加工

茶叶根据加工工艺和品质特征的不同分为红茶、绿茶、青茶、黑茶、白茶和黄茶六大茶类，其中红茶为全球第一大茶类，绿茶是第二大茶类。国外基本上生产红茶、绿茶，只有我国生产六大茶类。绿茶是我国第一大茶类，红茶产量与青茶、黑茶接近。比较国内外茶叶加工技术水平主要是考察红茶和绿茶。

国外绿茶加工技术水平数日本最先进，其整体加工技术已达到自动化水平。近几年，我国绿茶加工得到快速发展，与国际领先水平的差距不断缩小其主要表现在：一是所有绿茶品类的加工工序特别是名优茶的做形工序均实现机械化；二是电磁、微波和红外等新技术应用于绿茶叶加工，使得绿茶生产更加节能高效；三是研制成功各种绿茶的连续化生产线，并广泛推广应用，部分绿茶品类的加工已实现自动化；四是通过加工工艺的集成创新研制出多种风味独特的绿茶新产品。

国外红茶以生产 CTC 红茶为主，红碎茶加工技术水平已实现自动化，数印度加工技术水平最先进。我国红茶加工技术研究聚焦条形红茶，近几年，红茶加工新设备、新技术不断涌现，平均每年有 20 余项发明专利问世，较好地促进了红茶加工水平的提升。当前，我国功夫红茶连续化、半连续化加工技术已得到全面推广，关键工序可实现数字化控制。但我国加工技术的智能化、定向化调控尚较欠缺，仍与印度、肯尼亚等红茶生产国存在一定的差距，一些新技术和新产品虽已开发成功，但还处于小实验阶段，离大规模产业化应用还有一定的距离。

7. 茶叶深加工

自 2000 年以来，逆流提取、超临界萃取、膜分离、柱层析、分子制备、改性重组等高效提制技术应用于茶叶深加工，推动了我国茶叶深加工产业发展，形成了茶饮料、茶叶功能成分、终端产品三大系列深加工产品。同国外相比，我国在茶叶功能成分提制技术与产业化处于国际领先水平，茶饮料、奶茶制品的研制也接近国际先进水平，已形成较大产业规模。但我国在茶叶深加工终端产品开发上还较滞后。日本在功能性茶饮料、茶食品、茶日化用品、茶纺织品等终端产品的研发与产业化方面处于国际领先地位，美、加、德、法、意等国在天然药物、保健食品（膳食补充剂）、化妆品等领域领跑国际。

8. 茶叶质量安全

近年来，我国茶叶质量安全检测技术研究取得新进展，农药残留检测技术接近国际先进水平；茶叶标准研究不断提高，茶叶质量安全风险评估研究得到重视。与国外研究进行比较，还存在如下差距：

第一，茶叶质量安全检测技术的研究缺少原创。茶叶农药残留检测前处理技术自动化程序低，高分辨质谱数据库尚需开发，缺乏茶叶农药残留完整的色谱 - 质谱分析平台。品质成分的鉴定应用先进的高分辨质谱、飞行时间质谱、二维气相色谱还较少，化合物的准确定性、定量还有局限，香气前处理收集手段不足。

第二，茶叶质量标准的水平有待提高。我国目前制订的茶叶标准数量多，远超过任何产茶国，但制订的标准呈现碎片化，缺乏系统性；标准的前期研究不深入，其科学性和先进性有待提高。

第三，风险评估方法尚不先进、新型危害因子研究不足。风险评估使用的方法以点评估为主，定量反映风险水平分布的概率评估法使用较少；对新出现的危害因子不能快速开展，及时发布权威研究结果；风险评估需要的数据难获取、不健全，已有的数据未做到有效共享。

9. 茶与健康研究

近几年，国内对茶与人体健康的研究取得较大进展，比较国内外关于茶与健康的研究结果，具有如下特点：

第一，由于中国生产的茶类丰富，因此国内开展各种茶叶对不同人体疾病的效果和作用的研究最多。近年来，中国的研究细化了不同类别茶叶的各自效果，如对白茶的抗炎消火的功效进行了较多的研究，对黑茶的降脂、减肥和降压功效的研究也较多。而国外的研究以绿茶和红茶以及茶多酚类化合物研究较多。

第二，在茶叶功能成分对各种疾病的作用机理研究方面，美国的研究水平处于领先，但有不少的中国科学家参也与其中。

第三，在茶叶与各种疾病的流行病学研究上，以美国、日本和中国进行得较多。我国科学家近年来也逐步加强该方面研究，2016 年底最新发表的一篇有关饮茶与癌症、心血管疾病、各种疾病总计效果的最大的调查人群达 16.5 万人的流行病学报告是由中国科学家完成的。

10. 茶产业经济研究

在全球茶叶产量不断增加、市场竞争日益激烈的背景下，世界茶叶主产国共同面临以下挑战：茶叶生产成本上升，茶叶采摘工人紧缺，极端气候频发对茶叶生产的影响，为此各国希望通过技术创新提高茶叶生产效率，降低茶叶生产成本。

国内外研究的出发点均是基于本国茶叶产业现状与需求，着重解决各国茶产业发展中面临的实际困难和挑战。国内茶业经济研究针对中国经济进入新常态，农业供给侧结构性改革逐步推进和精准扶贫战略的实施等宏观背景，调整和拓展研究方向，为中国茶产业持续发展提供指导和建议。

在世界四大茶叶生产国中，中国和印度生产的茶叶主要满足国内消费需求，而肯尼亚和斯里兰卡生产的茶叶绝大部分出口到国际市场。印度的人口增长是其国内茶叶消费量增加的主要动力；饮茶习惯和生活方式的改变影响着斯里兰卡茶叶消费者行为；与中国类似，印度消费者也越来越重视茶叶的品质和品牌；对健康的追求、社交需要、喜欢喝茶和提神等是影响韩国居民绿茶消费的主要因素。

四、茶学学科发展趋势及展望

（一）未来发展趋势

茶学作为应用性学科，首先，义不容辞地为我国茶业发展提供科技支撑，顺应茶业发展趋势是茶学发展的方向；其次，茶学发展需要遵循自身发展规律。

1. 未来我国茶业发展趋势

（1）茶产品的市场需求趋向优质化、特色化、功能化、方便化

随着经济的发展和居民人均收入进入中等以上，我国居民生活方式、消费观念将发生

重要变化。消费者对茶叶的需求将加速变化，不同群体对茶叶的市场需求更加细分，对品质风味、质量安全、功能等有着不同的要求，趋向优质化、特色化、功能化。同时，随着工作节奏加快和户外休闲的增加，对茶叶的方便化也更加关注。茶叶的用途不断拓展，从过去单一饮茶向饮茶、吃茶和用茶多用途方向转变。

（2）茶叶生产方式趋向绿色化、标准化、省力化、信息化

绿色发展是茶业现代化的重要标志。过去茶叶生产为了增产长期过量使用化肥、农药等投入品，导致茶园土壤质量下降，面源污染加重，茶叶质量安全风险增多，已制约茶业持续发展，所以必须加快推动茶叶绿色生产。标准化是提高茶叶质量、保障质量稳定的重要措施，是促进生产规模化、产品品牌化的基础。省力化是化解劳动力紧缺矛盾的必然要求，近年来，茶叶生产出现的劳动力短缺、劳动力成本不断攀升的问题越来越突出，导致我国茶产品的市场竞争力下降，所以加快茶叶生产加工全过程需机械化。信息化是推动茶业升级的关键手段，需要将信息技术应用于茶产业链各环节，实现管理、生产、加工和流通信息化，逐步向智慧茶业迈进。

（3）茶业一二三产业融合加快，茶业的功能不断拓展

一产是茶叶品质形成的关键，二三产业不与一产紧密结合，其产品质量就无法保证，品牌也就难以打响。茶业一二三产业的经营主体均需要加强融合，增强竞争力。茶业从单一生产功能将向生产、生态、生活多元化转变。依托茶园风光，将茶园变公园、茶区变景区，发展生态观光茶旅。依托茶文化资源，挖掘茶俗茶事、创新茶艺表演，发展休闲文化茶旅。

2. 未来茶学发展趋势

（1）茶学基础研究、应用研究一体化趋势加强

茶学研究的出发点和落脚点是为茶叶产业服务。随着科技创新的深入，基础研究的引领效应凸显，基础研究获得的新知识为新发明、高技术创造提供先导，没有基础研究作后盾的应用研究很难取得重要突破的新发明、高技术，往往只能解决一般性问题。基础研究如果脱离产业需求导向，没有应用前景，只为发表论文而研究，这样的研究也不会得到长期支持。

（2）新兴学科、新技术在茶学中应用加快

茶学取得快速发展，必须及时把新学科、新技术引进来。以基因组、转录组、蛋白组、代谢组等为代表的分子生物学新方法不断应用于茶学，使茶学相关领域的基础研究进展加快，对茶树性状的认识从表型向分子水平迈进。以移动互联网、智能终端、大数据等代表的新一代信息技术将不断向茶学渗透，促进茶业科技创新。先进的实验仪器设备在茶业科研上应用，大大增强了茶业科研对未知领域的探索能力，促进茶业科研水平的提升。

（3）茶学各领域间融合加强

当前茶叶产业存在的突出问题，如名优茶机采的问题、茶叶质量安全问题等，虽然难

以靠某个领域的研究群体解决，但往往需要多学科、多领域联合攻关，才能有效解决问题。

（4）科技成果转化和技术更新速度不断加快

随着茶企对科技创新的需求增强，茶业科技创新加快，科研成果转化为现实生产力的周期越来越短，技术更新速度也日益加快。

（二）重点任务

根据茶产业未来发展对科技的需求和茶学学科自身发展要求，茶学各个研究领域要聚集总体目标，凝练研究重点，加强领域间协同创新，加快茶学学科发展，为茶叶产业持续发展提供科技支撑。

1. 茶树分子生物学

（1）研究建立高效、稳定的茶树遗传转化技术体系

这是鉴定茶树特有基因功能的最直接的技术保障。从遗传转化技术和再生技术两个方面进行重点布局，找准技术关键，发展出高效、稳定的茶树遗传转化及再生技术体系，破解茶树基因功能同源鉴定的技术限制；建立与发展高效的茶树基因组编辑技术，实现茶树基因的定点编辑与定向分子设计育种。

（2）开展茶树特有性状调控基因的发掘与精细功能鉴定

利用茶树全基因组数据，开展较大规模的特异茶树品种的重测序和关联分析研究，建立基于重测序的茶树变异组数据；进行茶树重要功能基因的基因组精细定位，解析茶树特有性状的精细遗传调控单元和互作机制，提高茶树分子生物学研究的水平和深度。

（3）建立高效的茶树多组学联合分析技术平台

采用“系统生物学”的研究策略，引进、消化和创新基于研究实际的茶树多组学联合分析技术平台，将“表型组”、“功能基因组”、“蛋白组”、“代谢组”等有机结合起来，从多角度解析茶树特异性状的形成机制。

2. 茶树种质资源

（1）加大野生、地方品种和国外种质资源收集力度

随着经济发展和城镇化进程的加快，许多野生茶树的生境面临恶化；同时，无性系良种的大面积推广，使地方群体品种面临丢失的危险。因此，必须加强茶树种质资源的收集和保存，并开展野生种质资源的原生境保护工作。要加快完善国外资源的引进和保存体系，有针对性地引进具有重要价值的茶树品种资源。

（2）加强种质资源保护生物学的研究

茶树的性状表现与生长环境有密切关系，一些重要性状需要在特定的环境中才能表现，因此在开展茶树种质异地保护的同时，需要加强种质资源保护生物学的研究。

（3）加快资源精细鉴定评价和种质创新

联合功能基因组学、连锁作图和关联分析等方法深入剖析重要农艺、品质性状的遗传

机制，挖掘出优异性状的关键效应基因及其优异等位变异，使我国的茶树资源优势转化为基因优势。

3. 茶树育种

根据茶叶产业发展的需要，茶树育种以优质、多抗和特色为主要目标，重点开展以下研究：

（1）选育适合市场需求的新品种

第一，适应消费者对茶叶产品趋向优质化、多样化、安全化的需求，茶树育种目标将向优质、特色、抗病虫方向转变；第二，随着极端气候的频发，需选育抗高温、抗干旱、抗低温尤其是抗倒春寒危害的茶树品种；第三，劳动力紧缺的矛盾越来越突出，人工耕作和采茶的生产方式将难以为继，需要加快培育适应田间作业和采茶机械化的茶树品种。

（2）加强茶树育种技术创新

杂交仍是茶树育种材料创新的主要手段，理化诱变的应用日趋广泛。今后，要加快分子育种研究，通过分子标记开发和转基因开展定向培育茶树品种，提高茶树育种效率。

（3）加强茶树品种品质、抗性和产量早期精准鉴定技术研究

研究产量、品质和抗性的早期精准鉴定技术是提高育种效率和加速茶树育种进程的重要手段，今后需加强组学技术、DNA 分子标记技术、色谱技术和计算机模型技术在茶树品质、抗性和产量早期鉴定中的应用。

4. 茶树栽培

茶树栽培将以省力省本、生态保护和优质高效为主要目标，重点开展以下研究：

（1）开展茶园土壤质量变化研究

利用稳定碳同位素技术系统研究有机碳微生物分解、土壤侵蚀、有机碳径流和下渗损失；将现代高通量测序技术平台和相应生物信息挖掘分析技术相结合，研究茶园土壤微生物群落组成及其代谢特征图谱；通过长期定位观测试验，开展茶园土壤酸化过程及机制研究，提出有效阻控茶园土壤酸化的综合调控技术；研究茶园土壤质量评价指标。

（2）茶树营养与养分管理技术研究

根据茶树需肥特性和不同区域的土壤养分含量，研制茶树专用配方肥、符合茶树需肥规律的缓控释肥，研制易推广的有机肥施用技术与装备。

（3）茶树分子营养机制研究

研究不同茶树品种对养分利用的差异，挖掘高效利用茶树养分的遗传材料，挖掘影响茶树养分高效吸收的相关基因及功能分析。

5. 茶树植物保护

茶树植物保护将以避免减产、产品安全和生态保护为主要目标，重点开展以下研究：

（1）建立、完善茶园绿色防控技术体系

随着消费者对茶叶安全的要求不断提高，茶园减少化学农药施用是茶树植保的研究重

点。筛选高效低毒低残留的农药品种，研究化学农药的合理施用技术，研究茶园病虫害物理防治、生态防治和生物防治等绿色防控新技术。

（2）完善茶园主要病虫害测报预警平台

随着环境和气候的变化，我国茶树有害生物的种类和种群发生变化，近年来，蓟马、盲蝽病虫害猖獗凶猛。为此，开展茶园害虫变迁、种群变化以及成灾诱因的研究，建立不同茶区茶树主要病虫害发生预测模型，研制茶园病虫害预测决策动态交互的专家系统。

（3）加强茶树抗病虫品种的选育研究

选育抗病虫茶树品种是茶树植保的重要研究方向。我国茶树种质资源丰富，具有许多抗病、抗虫能力强的种质资源，过去对抗病虫茶树品种选育重视不够，今后应加强这方面的研究，特别要重视将分子生物学手段应用于茶树抗病虫品种选育。

6. 茶叶加工

茶叶加工将以产品优质化、多元化，加工方式绿色化、精准化、自动化为主要目标，重点开展如下研究：

（1）茶叶精准化、省力化、节能化加工技术研究

随着人力资源紧缺的加剧和劳力成本的不断提升，茶叶加工的机械化、自动化步伐加快，并向智能化方向迈进。研究茶叶加工在制品无损检测技术和反馈控制技术，研制无损检测装置，研制自动化、智能化茶叶加工设备，建立茶叶精准化、自动化加工生产线。茶叶加工技术的绿色化、节能化是今后发展的必然趋势。为此，加强茶叶加工设备的清洁能源的替代，研究茶叶加工节能技术，研制节能茶叶加工设备。

（2）特色化、功能化、方便化茶叶新产品开发

茶叶加工是实现产品多元化、开拓茶产品功能的有效手段，茶叶加工要最大限度地满足消费者对茶产品的需求。研究茶产品品质定向设计技术，研制不同风味的茶叶新产品；研究茶叶功能成分的功效，研制适合不同人群的功能产品；研制方便化茶叶新产品，研制新用途茶叶产品。

（3）加强茶叶加工在制品理化特性变化规律的研究

探明茶叶加工在制品理化特性变化规律是实现茶产品精准化、定向化加工的保证。今后将加强茶叶加工过程中茶叶内含成分衍变轨迹和变化机理的研究，探明工艺技术对不同茶叶内含成分的影响；研究茶叶加工在制品物理特性的变化，为机械设计提供依据；研究茶叶内含成分与茶叶感官品质间的关系，为品质精准调控提供理论指导。

7. 茶叶深加工

茶叶深加工是提高夏秋茶资源利用率与茶业效益的重要途径，茶叶深加工技术研究与新产品开发将成为行业发展的热点，茶叶深加工以产品功能化、多样化，加工技术绿色化、高效化为主要目标，重点开展如下研究：

（1）茶饮料加工技术的创新

针对我国茶饮料产品将由调味型向纯味型、香精香料调制向天然原料调配、高糖型向低糖、无糖型转变，重点开展茶饮料高保真制造与保鲜技术研究，茶饮料的天然原料配制技术研究，研制功能化茶饮料。

（2）茶叶功能成分提制技术的创新

针对茶叶功能成分的提制技术将由过去单一追求产品纯度，发展到系统考虑纯度、安全性、效率、效益等综合指标，加强茶叶功能成分绿色提制技术研究，研究多成分系统高效提制技术，研制高效节能装备，开发茶提取物的农药残留高效去除技术。具有方便、时尚、安全、健康特点的速溶茶已成为年轻群体、职业精英的消费趋向，且对速溶茶的质量要求越来越高，需加强研制风味高保真、冷溶冰溶、高抗潮性的速溶茶。

（3）茶叶功能产品的研制

通过对茶叶功能成分结构修饰、状态转化、配伍平衡等处理，开发适合不同年龄及不同生理特点的个性化茶食品、茶保健食品；加强茶功能成分在医药、护理品、纺织印染、空气净化等领域的应用研究；研制有特定功能、适口性好、安全性高的畜禽饲料添加剂。

8. 茶叶质量安全

随着消费者对茶叶质量安全的要求不断提升，茶叶化学成分检测技术向高、精、快方向发展，茶叶质量安全风险评估更加科学，茶叶质量安全将重点开展以下研究：

（1）茶叶化学成分检测技术研究

开发茶叶中农药残留检测高通量、自动化的样品前处理技术，建立茶叶中农药残留精准定量分析平台；开发茶叶农药残留快速分析技术；研究茶叶农药残留代谢或降解产物识别与定量分析技术。研究建立有害重金属元素不同价态形态的检测方法，开展相应元素在茶叶中分布特征、迁移规律的研究。通过新仪器的应用，进一步探明茶叶中品质成分的种类，提高品质成分分析鉴定的准确性。

（2）茶叶的溯源技术研究

以具有地理标志保护的名优茶为对象，研究产地环境与茶叶内含成分含量的相关性，构建名优茶指纹特征数据库和产地溯源判别模型，提高判别准确率。

（3）标准与风险评估

研究茶叶中化学成分与品质评价的相关性，建立茶叶质量的数字化评价方法；加强国内外标准的比对研究，提出科学、先进的茶叶标准制订策略；加强茶叶中风险污染物来源、污染途径和风险评价的研究，评估中国茶叶质量安全风险，提出限量标准建议。

（4）产地环境污染基础研究与控制技术开发

重点开展多环芳烃、邻苯二甲酸酯、双酚 A 与四溴双酚 A、高氯酸盐等环境污染物在茶叶中发生规律与迁移行为研究，解析污染物来源；分析环境污染物污染茶叶的关键控制点，开发茶产地环境评价与控制技术。

9. 茶与健康研究

（1）研究提高茶叶中活性成分在人体中的可利用性

已有研究明确了茶叶对人体疾病防治的有效成分，但在人体实验的效果远不如动物实验的效果，其原因是人体对摄入的茶叶活性成分的生物可利用性较低。因此，未来应加强茶叶活性成分的化学结构修饰、剂型等研究，提高活性成分的生物可利用性和中靶率。

（2）开展不同茶类功能成分对人体疾病功效的研究

不同茶类由于加工工艺不同，其内含物明显不同。根据不同茶类的特点，研究不同茶类对不同疾病的防治效果进一步研究明确其具有特殊功效的活性成分。

（3）茶多酚对人体安全性评估的研究

茶多酚通常认为是无毒化合物，但近年来有减肥保健产品中因茶多酚添加量过高而出现服用人员肝脏发病的研究报道。需更加深入研究人体食用茶多酚的安全性，并提出每天安全摄入量的最大临界值。

10. 茶产业经济研究

茶产业是生态产业，更是富民产业，在实施“乡村振兴战略”中将大有作为。茶产业经济研究要以提升我国茶业综合竞争力为目标，为茶业供给侧结构性改革提供新举措、新模式。未来要加强如下研究：

（1）茶叶产业组织与政策的研究

找出制约茶叶产业组织整合的关键因素，研究茶农的组织化方式和产业利益分配机制，总结产业发展不同驱动模式、不同生产规模的绩效，提出产业组织整合模式的制度设计建议。

（2）茶叶市场供求平衡的研究

开展国内外茶叶供求趋势预测研究，找出影响供求均衡的基本规律，促进产业健康平稳发展；加大对茶叶消费经济的研究，特别是要引入微观计量研究方法，加大已有消费人群的消费行为特征研究，关注潜在消费人群茶叶认知及其干预策略研究，为扩大茶叶消费提供科学的参考。

（3）茶业技术经济的研究

探索研究茶叶科技推广的最优模式，开展技术综合效益评价；研究产业全要素生产率、科技贡献率，为凝练产业科研方向提供依据。

（4）茶叶品牌与流通的研究

研究茶叶品牌打造的模式，重点关注茶叶企业品牌培育策略与路径；研究茶叶流通方式与流通渠道变革，关注茶叶电子商务可持续发展，提出构建茶叶商业新模式；结合国家“一带一路”倡议，研究中国茶叶走出去的基本路径与影响对策研究。

撰稿人：江用文　熊兴平　陈宗懋　陈　亮　梁月荣　刘美雅
蔡晓明　刘仲华　王新超　刘　新　张　菲

专题报告

茶树种质资源研究进展

茶树［*Camellia sinensis*（L.）O.Kuntze］种质资源是开展茶树种质创新、育种和新产品开发的重要基础，茶叶科技创新和茶产业可持续发展离不开丰富多样的种质资源。

一、发展现状和进展

（一）发展现状

茶树种质资源在收集保存、鉴定评价和共享利用等方面取得了一些新进展，保存数量不断增加，鉴定技术规程得到完善，部分优异资源得到较好的利用。在茶树栽培驯化起源研究和重要功能基因及等位变异发掘等方面的进展是本学科的亮点。

1. 茶树种质资源收集和保存

种质资源收集与保存的数量多寡和质量优劣直接影响着茶树育种和茶树生物学研究的深度和广度。目前，比较有效、安全的方法是通过建立种质圃的方式保存茶树种质资源，而且这项技术相对成熟，比较广泛地应用在茶树种质资源保存工作中。我国西南地区是世界茶树的原产地，茶树种质资源的地理分布比较广泛，种类较多，数量较大，而且保存的茶树资源类型丰富。我国在浙江杭州、云南勐海两地建立的国家种质杭州茶树圃和国家种质勐海茶树分圃已收集保存了 9 个国家和我国 20 个省市自治区的茶组植物资源，是目前世界上保存茶树资源类型最多、遗传多样性水平最丰富的茶树种质资源平台。另外，在福建、湖南、贵州、广东、江西、贵州、重庆、广西、江苏等省市区也建有地方茶树种质圃。

（1）国家种质杭州茶树圃

建圃以来主要从事资源的收集、整理、保存和鉴定评价等工作，经过不断发展，圃的面积得到了扩大，保存量有所增加，资源不断更新复壮，鉴定评价深入到分子学水平，资源管理采用信息化，构建了资源共享平台。截至 2016 年共保存资源 2214 份，包括山茶科山茶属茶组植物的厚轴茶（*C. crassicolumna* Chang）、大厂茶（*C. tachangensis* F. S. Zhang）、大理茶［*C. taliensis*（W. W. Smith）Melchior］、秃房茶（*C. gymnogyna* Chang）和茶［*C. sinensis*（L.）O. Kuntze］等5个种及白毛茶（*C. sinensis* var. *pubilimba* Chang）和阿萨姆茶［*C. sinensis* var. *assamica*（Masters）Kitamura］等2个变种，此外还保存了24份山茶属近缘植物。已编目2280份（包含勐海分圃部分资源），按种质类型有野生种159份，地方品种1277份，选育品种119份，品系340份，各类遗传材料41份，其他资源344份。

（2）国家种质勐海茶树分圃

主要开展以收集保存云南茶树种质资源为基础，以长期观测和数据积累为手段，以资源有效保护和高效利用为核心的研究工作。目前主要保存了云南省15个州、市、60多个县的大叶茶资源，同时保存有四川、贵州、广西等7个省外茶树资源，以及越南、缅甸、日本、肯尼亚等5个国外茶树资源。已收集保存了1199份（已定名865份，待定名334份）茶树资源，其中野生资源244份，栽培资源953份，过渡型资源2份。资源圃还保存有山茶属金花茶（*C. nitidissima*）、红花油茶（*C. chekiangoleosa*）等近缘植物27份，山茶科核果茶属（*Pyrenaria*）、肋果茶属（*Sladenia*）、大头茶属（*Gordonia*）、柃木属（*Eurya*）4个属部分远缘植物。

（3）原生境保护

在云南省西盟县野生茶树资源研究调查中，发现野生古茶树在漫长的生长过程中已与周围各项环境因子形成了紧密的依存关系，进一步验证了茶树原生境保护的重要性和必要性。为了更好地保护茶树种质资源，防止人为破坏，近年来国内各级政府逐渐开始关注茶树原生境保护的问题。2010年以来，在野生古茶树资源比较丰富的贵州省和云南澜沧、双江、西双版纳、普洱等地先后出台了古茶树保护条例；2013年农业部批准了广西融水县元宝山的野生茶种质原生境保护点建设项目；近年来，福建省启动了茶树优异种质资源保护与利用工程项目，浙江省启动了龙井群体种和鸠坑种的原生境保护项目。古茶树保护条例的实施和原生境保护项目（点）的建设，对促进当地茶树资源的遗传多样性保护具有重要意义。

2. 茶树种质资源鉴定和评价

（1）种质资源鉴定规范与标准的制订

种质资源的科学鉴定和评价是优异资源发掘和利用的前提，为了提高种质鉴定评价的效果和效率，近年在鉴定评价方法和技术的标准化、遗传多样性分析、核心种质构建和优异优质资源的发掘等方面都取得了较大的进展。

1）茶树种质资源描述规范。长期以来，茶树种质资源的鉴定评价缺乏统一的描述规范、鉴定方法和评价标准。为了促进不同单位对种质资源信息数据的共享，《茶树种质资源描述规范和数据标准》对110个资源描述符进行了定义和标准化，并制订了相应的性状分级标准、数据标准和质量控制方法。最近，又发布了农业行业标准《茶树种质资源描述符》，进一步规范了茶树种质资源的描述。

2）茶树种质资源评价规程和优异资源评价规范。茶树种质资源评价是通过制订标准来实现的。农业行业标准《农作物种质资源鉴定评价技术规程—茶树》对茶树植物学特性和生物学特性、品质性状及抗逆性等重要性状的鉴定方法进行了规范。植物学特性和生物学特性包含树体、芽叶、叶片、花、果实、种子等性状，品质性状包括适制性和品质化学成分，抗逆性主要是耐寒性。通过对茶树重要性状的评价规程来完善和充实茶树的种质资源数据库。农业行业标准《农作物优异种质资源评价规范—茶树》进一步规范了优异茶树种质资源的评价指标。该指标包括，红茶、绿茶、乌龙茶的感官品质的总得分和香气及滋味的得分，茶多酚的总量，氨基酸的总量，芽叶颜色，芽叶茸毛，叶长，叶宽，抗旱性，抗病性等。

3）茶树特异性、一致性和稳定性（DUS）测试指南。茶组植物（*Camellia* L. Section *Thea*（L.）Dyer）被列入我国农业植物新品种保护名录（第七批），国际植物新品种保护联盟（UPOV）及我国农业部植物新品种保护办公室先后发布了茶树 DUS 测试指南：《UPOV TG/238/1，Guidelines for the Conduct of Tests for Distinctness，Uniformity and Stability—Tea（*Camellia sinensis*（L.）O. Kuntze）》和《植物新品种特异性、一致性与稳定性测试指南—茶树》。测试指南的发布和植物新品种权的实施，为茶树种质创新提供了知识产权保护。

（2）种质资源遗传多样性分析

茶树是典型的异花授粉植物，经过长期的人工和自然选择，遗传背景非常复杂，各品种间拥有丰富的遗传多样性。因此，充分深入和透彻地了解种质资源的变异程度和遗传多样性是作物育种的基础。近年来，遗传多样性的检测手段日益成熟和多样化，可以从形态多样性，生化成分多样性和 DNA 水平多样性等角度和层次揭示茶树种质资源的遗传变异。

1）形态多样性。通过对浙江、福建、安徽、湖北、湖南、江西、四川、贵州、广东、广西和云南等 14 个主要产茶省区共 406 份资源的 5 个叶片形态特征分析表明，平均变异系数和 Shannon-weaver（香农—韦弗模式）多样性指数进行比较，发现西南和华南地区的茶树资源表型上的变异相对其他地区更丰富。不同类型资源的叶片表型变异比较发现，野生资源和地方品种的变异较选育品种（系）丰富，说明人为选择一定程度上降低了资源的变异水平。

2）生化成分多样性。茶叶中的化学成分，特别是影响茶叶品质的主要生化成分是形成茶叶优异品质的物质基础，而生化成分多样性有利于生化成分优异资源筛选与新品种选育。通过系统的鉴定评价，筛选出一批生化成分比较特异的资源，这些资源在某一成分或几个成分上具有较高的含量，可以在今后的生产和育种中加以利用。从国家种质杭州茶树圃选取了 403 份有代表性的茶树核心资源，采用 HPLC 对儿茶素组成和嘌呤生物碱进行了系统鉴定。结果表明，儿茶素总量为 56.6 ~ 231.9mg/g，平均为 154.5 ± 18.1mg/g，茶、阿萨姆茶和白毛茶 3 个变种分别为 152.9 ± 16.2mg/g，162.8 ± 22.3mg/g，165.1 ± 21.3mg/g，茶显著低于其他 2 个变种。阿萨姆茶有最高的 ECG 和 EC 含量，白毛茶 EGCG，GC，C 和 GCG 含量高，而儿茶素指数［CI=（EC+ECG）/（EGC+EGCG）］以阿萨姆茶为最高。总儿茶素含量及变异系数以广东、广西和云南等南部茶区为高。不同年度和季节间咖啡碱含量总体稳定，但可可碱含量春季变化显著；来源于不同地区的茶树资源咖啡碱含量存在显著差异，其中云南和广东的资源变异系数和多样性指数最大。在对 403 份资源生化成分系统研究筛选出 4 份超常规儿茶素总量（1 份低、3 份高）、3 份高咖啡碱、1 份高苦茶碱（低咖啡碱）和 2 份高可可碱（低咖啡碱）等 10 份特异资源。国家种质勐海茶树分圃中的 121 个云南茶树资源的儿茶素总量含在 6.35% ~ 22.65%，变幅范围较大，而儿茶素的不同单体间和同一单体内不同资源含量差异较大，在一定程度上说明了云南茶树资源具有丰富的生物多样性。此外，通过对 130 份"黄山种"自然杂交后代的生化多样性进行鉴定，为杂交育种亲本筛选与新品种选育奠定基础。

3）DNA 水平多样性。除了基于形态学的遗传多样性分析，分子标记已成为茶树资源遗传多样性鉴定的重要工具，在茶树的 DNA 水平检测茶树的遗传多样性的分子标记技术已用于基因定位、品种鉴定、资源评价、物种亲缘关系、系统演化等诸多方面。近年来，借助 SSR 标记对我国 14 个产茶省、自治区的 450 份茶树种质资源进行分析，发现来自广西和云南的茶树资源多样性最高，并以此地域呈现由南向北、由西向东递减趋势，并且沿海地区高于内陆地区，据此推测茶树在中国沿水路传播的可能性较大；不同类型的茶树种质资源相比，野生茶树资源的遗传多样性略高于地方品种和选育品种，说明在栽培驯化和人工选择压力下，栽培茶树的遗传多样性水平有所下降；基因数学模型和 Nei 遗传距离的聚类结果呈现出明显的遗传结构，且遗传多样性主要来源于茶树群体内的遗传差异，这对今后我国茶树资源的收集保存等工作都具有重要的理论指导意义。

利用 SSR 标记对我国适制不同茶类的 185 个茶树品种的遗传多样性进行分析，适制红茶品种的遗传多样性水平最高。利用 7 对 AFLP 引物对 1664 份印度茶树种质资源进行鉴定，扩增到 412 个基因位点，并采用主成分和聚类分析将全部资源归为 6 个组，该结果与基于传统形态特征划分的茶树生态类型并不一致。此外，该研究还发现印度栽培茶树的遗传多样性呈明显下降趋势。

SNP 以十分高的频率在基因组上发生，这不仅非常适合进行高通量分析，而且通过 SNP 分析，能够发现许多不能被其他标记所检测到的隐藏的多态性位点，能为研究者提供丰富的 DNA 多态性资源。近年建立了茶树 EST–SNP 标记开发体系，明确了茶树 EST 中 SNP 的分布规律，茶树编码区的 SNP 发生频率约为 0.58%，平均 200bp 就有 1 个 SNP 位点，并进一步推算出茶树基因组 DNA 序列的杂合率约 0.38%，平均 300 个碱基就可能出现 1 个杂合位点。SNPs 分子标记辅助育种和遗传多样性分析等能发挥重要作用，使茶树的优异资源更好地被发掘和保存。

（3）保护生物学的取样策略研究

在遗传多样性保护与研究过程中，选择适合的样本量至关重要。对龙井群体的研究结果表明，样本量对遗传多样性参数有不同程度的影响，当样本量达到 15，各遗传参数趋于稳定。最近，在云南云县白莺山野生茶树群体研究中，当样本量达到40时，各种遗传参数才趋于稳定。可见，在种质资源保护和研究中，对于遗传多样性不同的群体，需要考虑不同的取样数量以便能比较好地涵盖该群体的遗传多样性。通过从254个中国茶树品种中随机抽取样本量分别为50、100、200、250个品种，将SSR引物数按照PIC（多态性信息量）由高到低排序，逐渐增加引物个数，观察针对不同样本量大小，随着引物数的增加，遗传距离矩阵标准误的变化情况。结果表明，至少分别需要20和25，25和30对核心SSR引物才能比较客观地反映出品种的遗传多样性。

茶树种质资源取样策略、所需最少SSR引物数量的研究结果，对于后期种质资源保护和利用具有很重要的参考意义。

（4）茶树种质资源核心种质构建

通过SSR分子标记对其中初选的414份资源的鉴定和筛选验证，初步构建了含有360份资源的中国茶树核心种质库。茶树种质资源的核心种质建立，有利于提高茶树新品种的育种效率，更好地为科研和生产服务。

3. 茶树种质资源的共享与利用

根据《植物种质资源共性描述规范》和《茶树种质资源描述规范和数据标准》规定的描述标准和数据标准，建立了茶树种质资源共性数据库和特性数据库。国家茶树种质资源平台已完成了2000多份茶树资源的共性数据的标准化整理，形成标准化共享数据72000多个；同时完成1500多份茶树资源特性数据的标准化整理，形成标准化特性数据99000多个。国家种质杭州茶树圃每年向全国科研、教育和生产单位分发茶树种质100多份，提供鲜叶、插穗、DNA等材料100多份，这些资源和材料被广泛用于品种选育、基础研究和产品开发，有力地促进了我国茶叶科研项目的实施和产业的发展。

特异资源的开发和利用已成为当前促进茶产业发展的重要内容，已展现出巨大的市场潜力。云南的‘紫娟’作为一种紫芽茶资源，紫芽、紫叶、紫茎，茶汤水色亦为紫色，香气郁香独特，花青素含量约为一般红芽茶的3倍，已在全国推广上万亩。浙江的‘中黄1号’、‘中黄2号’、‘中黄3号’等黄叶茶新品种，已在浙江和四川等地取得了显著的社会和经济效益。湖南利用地方群体资源选育出‘保靖黄金茶1号’、‘黄金茶2号’、‘黄金茶168号’等一批优异的新品种，创制的黄金茶产品获得了国家地理标志农产品，茶农的亩产值上万元。

（二）重要进展

（1）茶树栽培驯化起源研究取得新认识

最近，利用23对核基因组微卫星（SSR）标记对采自中国和印度的共392份茶树种质资源（包括古茶树、茶树老品种和现代栽培品种等）开展了栽培驯化起源研究，结果表明，茶树可以分为3个遗传分组（茶树类型），即小叶茶（主要分布于中国除云南以外的各省区）、来自中国的大叶茶（主要栽培于云南省及周边国家）和来自印度的大叶茶（主要分布于印度阿萨姆地区），表现出明显的地理分布格局。在研究的茶树样品中，包括了大量 3 种茶树类型间的杂交品种，表明杂交很可能是茶树品种选育的重要方式；小叶茶、中国大叶茶和印度大叶茶很可能是在中国和印度不同地区独立驯化起源的，可以推测中国东部和南部地区很有可能是小叶茶的栽培驯化中心，而云南西部或南部与印度阿萨姆地区分别是中国大叶茶和印度大叶茶可能的栽培驯化中心。首次发现中国云南栽培的大叶茶代表新的遗传谱系，而与印度大叶茶不同，是重要的茶树种质资源，对今后茶树种质资源的保护和新品种的选育具有重要科学意义。

利用 SSR 标记对云南 25 个大理茶（*C. taliensis*）群体进行分析发现，与驯化群体相比，野生大理茶群体的遗传多样性明显下降且有较强的遗传漂移现象，并通过系统发育和聚类分析推测大理茶的驯化可能发生在临近云南西部森林的中心地区。

（2）茶树重要功能基因及等位变异发掘

重要功能基因的发掘有利于丰富茶树种质资源多样性，通过筛选，将优良基因引入到新品种中，优化茶树品种资源的遗传结构，有利于满足不同茶产品的需求。在重要功能基因发掘方面，近期借助基因芯片、转录组学、蛋白质组等技术手段的应用，大量与茶树品质、抗性相关的基因已得到了分离克隆，如儿茶素、咖啡碱和茶氨酸代谢基因以及耐寒基因等。一些与重要性状相关的基因位点也相继得到鉴定，如利用 SSR 标记，通过连锁作图，鉴定出 9 个稳定的儿茶素含量数量性状位点（QTL）。借助关联分析方法，初步鉴定出了与叶片长度、咖啡碱含量显著关联的分子标记。通过联合采用混合转录组测序与自然群体关联分析获得茶树咖啡碱合成酶基因、儿茶素类黄酮-3′,5′-羟化酶基因的等位变异，并开发了相应的 CAPS 标记用来鉴定特异资源。这些研究结果为茶树的分子育种研究提供了理论参考。

（3）全基因组研究

最近，中国科学家率先破译了云南大叶茶和中小叶茶的全基因组。茶树基因组图谱的成功绘制揭示了决定茶叶适制性、风味和品质以及茶树全球生态适应性的遗传基础，将对加速茶树功能基因组学研究和优异新基因发掘，加快提高茶叶品质和适应性的新品种培育，同时促进茶树种质资源的创新利用。

二、国内外比较分析

（1）茶树种质资源的收集与保存

中国茶树种质资源的地理分布比较广泛，而且种类较多，数量较大，保存的茶树资源数量多，类型丰富。日本已收集保存本国及中国、印度、斯里兰卡、越南、印度尼西亚等国的茶树资源 7800 份，其中日本国立蔬菜茶叶研究所（NIVTS）金谷和枕崎试验站共保存茶树资源 4200 余份，一些地方性的科研机构也保存有数百甚至上千份的茶树资源，并且农林水产省还制定了日本茶树基因数据库建立的计划，包括品种名、保存地、保存形式、来源等 24 个项目都被逐一记录。印度至今在茶叶协会托克莱（TOCKLAI）茶叶试验站和南印度茶叶种植者联合会茶叶研究所（UPASI）等地收集保存了约 3350 份种质资源，选育出 62 个无性系品种，20 个双无性系种子品种及 153 个茶园系列品种。斯里兰卡茶叶研究所（TRISL）的资源圃保存了约 500 份茶树资源，资源圃主要位于 Talawakelle 地区，自 1905 年斯里兰卡开始长期开展育种选种计划以来，已经从有性系的老茶园中选育了 688 份种质，其中 45% 已经种植在斯里兰卡茶叶研究所的资源圃中。越南茶树资源的收集与保存起步较早，其种质资源圃内保存的资源大多来自斯里兰卡、日本、中国、印度等十多个国家及地区，占圃内总资源的 65%，当地品种只占 35%，每个品种或者材料分区各布置 5 株种植。目前，圃内共收集保存了 190 多份种质资源，其中阿萨姆茶有大约 40 个品种，小叶茶有 100 多个，越南地方品种掸茶大约 30 个。肯尼亚、印度尼西亚和韩国在茶树种质资源收集与保存方面也取得很大的成效，保存的种质资源量分别为 250 份、600 份和 3000 份。1982 年尼日利亚可可研究所从 NBPC 的茶园中收集了 33 份来自肯尼亚的无性系茶树品种，属于阿萨姆茶，截至 2012 年，存活的只有 22 份资源，保存于曼比拉（Mambilla）高原的国家茶树种质资源圃，每个品种都有 50 ~ 100 个植株。

（2）茶树种质资源鉴定与发掘利用

国内外学者进行了大量优异种质资源的发掘研究，针对的性状集中在叶色变异、抗逆性、抗病虫、功能性成分等一些与育种和生产密切相关的重要性状上。但不同国家依据各自的种质资源特点和产业需求，在种质发掘的重点上有所区别。例如，日本重点鉴定和发掘抗炭疽病、抗桑盾蚧、高氮素利用率、高稀有儿茶素和花香型资源；印度重点开展抗茶饼病、抗螨、抗霜冻、耐水淹资源的鉴定和发掘；肯尼亚重点开展抗旱种质的筛选。我国则主要针对叶色变异、早生、耐寒、抗病虫、高香型、低咖啡碱、高茶氨酸和儿茶素等性状开展鉴定和发掘。

（3）茶树核心种质构建

日本国立蔬菜茶叶研究所利用 23 对 SSR 标记对来自日本、中国、印度等 14 个国家的 7800 份茶树种质资源中选择 788 份进行分析，以等位基因数为评判指标，构建了包含 192 份资源的全球茶树核心种质，并利用花部形态、生化成分含量等表型性状进行遗传多样性的验证，结果表明该核心种质库能够覆盖 99.5% 的等位基因变异和全部的表型变异类型。

三、发展趋势与展望

（1）加大野生、地方品种和国外种质资源收集力度

随着经济发展和城镇化进程的加快，许多野生茶树的生境遭到不断破坏，其生存面临

诸多困境，同时由于近年来优良无性系品种的大面积推广，一些有特色的地方群体品种已面临丢失的危险，因此必须继续加强茶树种质资源的收集和保存，并及时开展种质资源的原生境保护工作。同时要加快完善国外资源的引进和保存体系，有针对性地引进各种具有育种和科学研究价值的茶树品种资源。

（2）加强保护生物学的研究

茶树的一些重要性状需要在特定的环境中表型，因此在加强迁地保护的同时，需要加强保护生物学的研究。

（3）加快资源精细鉴定评价和强化种质创新

今后的工作将深入开展表型和基因型精准鉴定，联合功能基因组学、连锁作图和关联分析等方法深入剖析重要经济、品质性状的遗传机制，挖掘出各优异性状关键效应基因及其优异等位变异，为种质创新提供突破性新基因，使我国的茶树资源优势转化为基因优势，使我国茶树种质资源的整体研究水平和地位得到不断的提升。

参考文献

[1] Chen L，Apostolides Z，Chen ZM. Global Tea Breeding：Achievements，Challenges and Perspectives [M]. Hangzhou：Zhejiang University Press-Springer，2012.

[2] Fang WP，Cheng H，Duan YC，et al. Genetic diversity and relationship of clonal tea (*Camellia sinensis*) cultivars in China as revealed by SSR markers [J]. Plant Systematics and Evolution，2012. 298：469–483.

[3] Jin JQ，Ma JQ，Ma CL，et al. Determination of catechin content in representative Chinese tea germplasms [J]. Journal of Agricultural and Food Chemistry，2014，62，9436–9441.

[4] Jin JQ，Ma JQ，Yao MZ，et al. Functional natural allelic variants of flavonoid-3′，5′-hydroxylase gene governing catechin traits in tea plant and its relatives [J]. Planta，2017，245 (3)，523–538.

[5] Jin JQ，Yao MZ，Ma CL，et al. Association mapping of caffeine content with TCS1 in tea plant and its related species [J]. Plant Physiology and Biochemistry.2016，105，251–259.

[6] Jin JQ，Yao MZ，Ma CL，et al. Natural allelic variations of TCS1 play a crucial role in caffeine biosynthesis of tea plant and its related species [J]. Plant Physiology and Biochemistry，2016，100，18–26.

[7] Ma JQ，Yao MZ，Ma CL，et al. Construction of a SSR-based genetic map and identification of QTLs for catechins content in tea plant (*Camellia sinensis*) [J]. PLoS One，2014，9 (3)：e93131.

[8] Meegahakumbura MK，Wambulwa MC，Thapa KK，et al. Indications for three independent domestication events for the tea plant [*Camellia sinensis* (L.) O. Kuntze] and new insights into the origin of tea germplasm in China and India revealed by nuclear microsatellites [J]. PLoS One，2016，11 (5)：e0155369.

[9] Raina SN，Ahuja PS，Sharma RK，et al. Genetic structure and diversity of India hybrid tea [J]. Genetic Resources and Crop Evolution，2012，59：1527–1541.

[10] Shi CY，Yang H，Wei CL，et al. Deep sequencing of the *Camellia sinensis* transcriptome revealed candidate genes for major metabolic pathways of tea-specific compounds [J]. BMC Genomics，2011，12：131.

[11] Taniguchi F，Kimura K，Saba T，et al. Worldwide core collections of tea (*Camellia sinensis*) based on SSR markers [J]. Tree Genetics & Genomes，2014，10 (6)：1555–1565.

[12] Wang XC, Chen L, Yang YJ. Establishment of core collection for Chinese tea germplasm based on cultivated region grouping and phenotypic data [J]. Frontiers of Agriculture in China, 2011, 5 (3): 344-350.

[13] Xia EH, Zhang HB, Sheng J, et al. The tea tree genome provides insights into tea flavor and independent evolution of caffeine biosynthesis [J]. Molecular Plant. 2017, 10 (6): 866-877.

[14] Yao MZ, Ma CL, Qiao TT, et al. Diversity distribution and population structure of tea germplasms in China revealed by EST-SSR markers [J]. Tree Genetics & Genomes, 2012, 8: 205-220.

[15] Zhao DW, Yang JB, Yang SX, et al. Genetic diversity and domestication origin of tea plant *Camellia taliensis* (Theaceae) as revealed by microsatellite markers [J]. BMC Plant Biology, 2014, 14: 14.

[16] 黄丹娟. 我国茶树优良品种遗传多样性分析及指纹图谱构建 [D]. 北京：中国农业科学院，2016.

[17] 金基强，周晨阳，马春雷，等. 我国代表性茶树种质嘌呤生物碱的鉴定 [J]. 植物遗传资源学报，2014，15 (2)：279-285.

[18] 刘本英，宋维希，孙雪梅，等. 云南茶树种质资源的整理整合及共享利用 [J]. 西南农业学报，2011，24 (2)：805-812.

[19] 刘本英，宋维希，马玲，等. 云南茶树资源儿茶素和没食子酸的差异性分析 [J]. 西南农业学报，2012，25 (3)：864-869.

[20] 马建强，姚明哲，陈亮. 茶树种质资源研究进展 [J]. 茶叶科学，2015，35 (1)：11-16.

[21] 王丽鸳，姜燕华，段云裳，等. 利用 SSR 分子标记分析茶树地方品种的遗传多样性 [J]. 作物学报，2010，36 (12)：2191-2195.

[22] 周炎花. 基于叶片形态学和 EST-SSR 茶树遗传多样性和遗传演化研究 [D]. 福州：福建农林大学，2010.

撰稿人：陈　亮　房婉萍　朱旭君

茶树育种学研究进展

高产、优质、抗性（抗病、抗虫、抗逆境）是茶树育种永恒的目标。随着茶叶产能过剩迹象日趋明显，市场需求也趋于多样化，茶树育种向多样化和专用化的方向发展和转移，育种目标更加精细化和具体化。

一、发展现状和进展

（一）发展现状

1. 茶树育种材料创新技术

茶树育种材料创新技术包括系统选种、杂交育种、诱变育种以及分子育种等，其中系统选种是无性系育种的基本程序。

（1）杂交育种

杂交仍然是当今茶树育种材料创新的主要手段，通过不同杂交亲本组合产生杂交优势，获得产量、品质、抗逆性等方面超越亲本的育种材料，供进一步的育种筛选利用。我国茶树育种专家提出了双无性系茶树人工杂交体系，选用优势互补明显的无性系建立亲本园，采用“品字形”修剪，开双沟、单沟轮施磷钾肥，80 目的防虫网进行母本园隔离以及人工授粉等亲本园管理措施，以保障获得优质的杂种 F1 代。杂交袋的质量是影响杂交效果的一个因素。针对原有杂交袋使用时易脱落、透气透光性差等问题，研究人员发明了两种结构简单、透光透气、不易脱落且不易破损的新的杂交袋，其使用方便、杂交效果好。研究表明，不同品种的花粉活力和结实力差异很大，花粉生活力变异范围在 31.80% ~ 74.24% 之间，而不同亲本组合杂交结实率最低为 5.0%，最高可达 50.6%。

杂交后代虽然有较强母本遗传效应，但仍不乏杂种优势 F1 单株。如抗寒性特强的单株 0708–1104、0708–2501，高产单株 0314C、0314D，高香优质丰产品种‘云茶红 1 号’、

‘云茶春毫’，早芽品种‘黄玫瑰’，高抗性品种‘春雪2号’、‘曙雪2号’等均是从杂交F1代中选育而出。此外，在不同亲本组合的杂交F1代中还获得了EGCG和咖啡碱含量显著高于或者显著低于双亲本的单株。

（2）诱变育种

$^{60}Co-\gamma$ 射线是茶树育种最常用的物理诱变技术，如‘中茶108’即是辐射育种而成。辐射剂量是诱变育种成败的关键因素，以‘黄金茶’和‘福鼎大白茶’插穗进行不同剂量的 $^{60}Co-\gamma$ 射线诱变处理表明，半致死剂量（LD_{50}）为4 ~ 8Gy，致死剂量（LD_{100}）为10Gy或更高，适宜的辐射剂量为2 ~ 4Gy。

太空育种是诱变育种新技术。我国茶树太空育种又有新进展，云南农业科学院茶叶研究所将茶树品种‘紫鹃’的种子搭载“神十”航天飞船进入太空，中国农业科学院茶叶研究所已将由太空返回的‘中茶108’种子播种并获得变异植株。

（3）分子育种

分子标记开发是分子育种的关键技术。近年来开发了多种DNA分子标记应用于茶树育种领域的研究，如应用EST-SSR、ISSR、RAPD、SRAP等分子标记鉴定古茶树资源的遗传多样性和亲缘关系、茶树新品种的亲本来源、亲本真实性或者茶树品种的真实性等。然而与茶树重要经济性状关联并可用于育种鉴定的分子标记仍然缺乏，是今后分子育种研究的重要方向。

（4）转基因技术的应用

转基因是创造新遗传变异的重要手段，迄今转基因技术主要用于创造抗虫、抗病、抗寒、抗盐、低咖啡碱等性状改良上。茶树是多年生的木本植物，多酚类含量高，转化率低和植株再生困难是茶树转基因的重大障碍，许多研究都围绕着这些问题开展。研究表明，在农杆菌遗传转化中，添加乙酰丁香酮（AS，100μmol/L）可以提高转化率；借助体细胞胚途径或者发根农杆菌诱导根毛有助于提高植株的再生率；选择适宜的农杆菌种类可以改善儿茶素类对遗传转化的抑制作用，在共培养阶段添加PVPP和L-谷氨酰胺有助于促进根毛的发生。

2.茶树育种鉴定技术

（1）品质鉴定

茶树品种的遗传多样性与适制性有关，适制红茶品种（系）的遗传多样性水平最高，其次是红绿茶兼制型品种，绿茶品种最低。芳樟醇、二甲苯、β-紫罗兰酮、右旋萜二烯、萘、2-异丙基-5-甲基茴香醚和十四烷对香气类型起到关键作用。决定四川工夫红茶甜花香和果香的重要组分是芳樟醇及其氧化物、香叶醇、苯乙醇、橙花叔醇、苯甲醇、水杨酸甲酯、3，7-二甲基-1，5，7-辛三烯-3-醇、癸酸乙酯、苯乙醛、顺式-3-己烯醇己酸酯、柠檬醛。ECG与绿茶收敛性因子（AF）高度相关，而茶黄素双没食子酸酯（TFDG）与红茶AF关联，可以作为育种筛选指标。

（2）抗性鉴定

研究发现，茶树受到昆虫侵害后可散发一些挥发性物质，这些挥发性物质的作用，一是驱避剂作用，驱赶害虫，以避免受到进一步的为害；二是诱导害虫天敌前来消灭害虫。不同品种的挥发性物质具有特异性。茶树叶片化学成分含量与其抗虫力有关，如茶多酚、天冬氨酸、γ-氨基丁酸、绿原酸和茶氨酸含量与茶树品种对假眼小绿叶蝉的抗性有关，其中γ-氨基丁酸可能是茶树抗虫物质之一，可用于茶树抗虫育种筛选。

根据离体叶片测定的超氧化物歧化酶（SOD）活力、过氧化氢酶（CAT）活力、可溶性糖含量、脯氨酸和游离氨基酸含量、可溶性蛋白质含量及-10℃冷胁迫条件下电解质外渗率等指标，以及叶片的光合参数和荧光参数，可以鉴定茶树品种的抗寒力。低温驯化过程CBF（C-repeat Binding Factor）途径容易被激活，进而诱导CBFs和CBF下游基因的表达，提高植物对低温的耐受能力；植物生长素应答因子（ARF）在植物激素和非生物胁迫响应途径发挥重要作用；WRKY基因家族涉及逆境防卫、发育和代谢等生物过程，如极端温度胁迫，在茶树抗寒分子育种中，可以作为参考鉴定依据。茶树在受到干旱胁迫时，淀粉生物合成相关基因下调，而淀粉水解相关基因表达上调，可用于茶树抗旱育种筛选。

（3）产量鉴定

茶树是叶用作物，光合作用能力强弱与茶叶产量相关性较强。研究表明，光合色素与干物质含量之间显著相关；净光合速率与茶树生物产量（干物质含量）之间显著正相关。光合色素含量高的茶树品种具有更强的光合作用能力和生物产量积累能力。

3. 茶树良种繁育

茶树良种的繁育技术对于茶树新品种的应用和推广具有重要作用。迄今为止，茶树繁育技术已经有了很大进步，为无性系良种普及提供了种苗保证。

（1）短穗扦插技术

短穗扦插不仅能保证茶树品种原有的优良特征、特性，而且繁殖系数高，是目前茶树无性繁殖的主要方法。提高扦插成活率和出圃率、降低成本一直是茶树繁殖的主题。影响茶树短穗扦插成活率的因素很多，如扦插基质、品种、扦插时间；如何剪取适合的短穗和加强苗圃管理也是提高扦插成活率的关键。近5年茶树扦插繁育技术发展迅速，“高密高效茶树短穗扦插技术”可以提高苗圃土地利用率10% ~ 20%，每亩扦插短穗数由常规扦插15 ~ 25万株增加至40 ~ 50万株，每亩合格苗数比常规扦插高1倍以上。

（2）设施化繁育技术

设施化繁育可以快速、高效繁育标准化茶苗。设施化育苗的关键是选择合适的育苗容器和方式，“绿色环保育苗袋繁育技术”有效解决穴盘育苗容器壁不透水、有效空间体积小、穴孔水分不均匀，以致烂根和缺水干枯同时出现等问题，具有生根快、成活率高、生长迅速、省力省工、移栽成活率高等优点。“全光照喷雾育苗”技术避免了遮阴对插穗生长的抑制作用，特别适合夏季育苗、秋季出圃的半年繁育模式。目前基于该技术的“一种全光照喷雾培养的茶树快速育苗方法”已申报国家发明专利。

（3）组培繁育技术

组培快繁技术是近年来新兴的茶苗繁育技术。结合茶树胚培养技术、组培苗增殖技术以及组培苗温室直接生根技术，培育出了茶树品系中茗 7 号。

（4）扦插生根机理研究

不定根的形成是茶树扦插繁育的关键问题，一些茶树品种难以扦插繁育的关键就是无法形成不定根。以不含 IBA 的 1/10 Hoagland 培养液（pH5.8）为对照，用含 40mg/L IBA 的培养液处理‘龙井 43’短穗 24 小时后，经二代测序技术（RNA-SEQ）分析发现，插穗基部受影响最大的代谢途径为激素的信号转导，多类激素参与了 IBA 响应，谷胱甘肽 S 转移酶受 IBA 诱导，油菜素内酯信号途径在不定根形成过程中起重要作用。

4. 育种成果

（1）2010—2016 年，选育出 124 个茶树新品种，其中 37 个无性系品种通过国家级鉴定，56 个无性系品种通过省级审（认）定或登记，31 个品种获得植物新品种权。系统育种技术仍然是主要方式之一，利用该技术累计培育出 82 个茶树新品种。利用杂交育种技术培育出 39 个新品种，其中自然杂交 23 个，人工杂交 14 个，人工加自然杂交 2 个。采用地理远缘杂交培育出了高活性成分的功能性茶树育种材料，培育的新品系总儿茶素含量≥ 22%，其中 EGCG 含量≥ 12%，儿茶素 C 含量≥ 2%，ECG 含量≥ 3.5%；咖啡碱含量≥ 4.5%。通过 ^{60}Co 辐射诱变育种技术培育出 3 个新品种。“抑瘤功能茶树良种”获得发明专利授权。

（2）“高香优质茶树新品种瑞香与九龙袍选育及推广应用”2015 年获得福建省科学技术进步奖二等奖；“高香型茶树新品种丹霞 1 号、丹霞 2 号及其配套技术推广应用”2013 年获得广东省农业技术推广一等奖；“丹霞 1 号茶树品种选育及其产业化关键技术研究应用”2013 年获得韶关市科技进步奖一等奖；“高香型红、白茶兼用品种‘丹霞 2 号’选育及产业化关键技术创新应用”2013 年获得广东省农科院科技进步奖一等奖；“茶树品种嫁接改良及机械化采茶技术体系研究与示范”2014 年获得英德市科技进步奖一等奖；“贵定鸟王种和石阡苔茶品种选育及开发利用”2016 年获得贵州省农业科学院科学技术奖二等奖；“优质、高产、耐寒鄂茶系列茶树品种选育及应用”2013 年获得中华农业科技奖三等奖；“优质红茶新品种潇湘红 21-3 选育与推广”2014 年获得湖南省科技进步奖三等奖；“高氨基酸特异种质资源黄金茶创新利用研究及新品种示范推广”2015 年获得湖南省农业科学院科技进步奖一等奖；“茶树新品种引选育及应用推广”2013 年获得全国农牧渔业丰收奖。

5. 育种程序改革

茶树育种程序与育种周期长短关系密切。传统的育种程序从育种资源收集、创新、单株选育到品比、省级和全国区试，育成一个国家级品种一般需要 22 年以上的时间。我国对茶树育种程序进行了改革，完成品比试验的材料可以直接进入全国区试，使国家级茶树品种的育种周期缩短了 6 年以上。2013 年 4 月，山茶属进入农业部植物新品种保护名录，整个保护程序一般只需 5 年时间。2017 年 5 月 1 日起，《非主要农作物品种登记办法》开始执行，茶树是第一批登记目录作物之一。目前，品种登记系统上已上报 24 个茶树品种，但还没有品种通过省级审查并报全国农技中心复核。

（二）重要进展

1. 育成一批优良无性系品种，加速了茶树良种化进程

在 2010—2016 年育成的无性系品种中，有特早生品种，如‘中茶 108’、‘特早 213’、‘鄂茶 5 号’、‘黄金茶 169 号’等的一芽二叶期比福鼎大白茶早 10 天以上；有高氨基酸品种，如‘石佛翠’、‘春兰’、‘黄金茶 2 号’、‘黄金茶 168 号’等等。截至 2016 年，我国已经拥有国家审（认、鉴）定无性系茶树品种 118 个，全国茶树无性系良种化率达到了 58.6%。

2. 育种材料创新技术获得新进展

我国茶树育种专家建立了双无性系茶树人工杂交体系，发明了新型杂交袋，提高了获得优质杂交 F1 代的概率。利用‘紫鹃’、‘中茶 108’茶树种子开展了太空育种。“茶树—昆虫互作”的化学生态学技术、抗性酶及其相关基因标记技术的应用，促进了抗性育种发展。茶树转基因技术稳步推进，获得了系列提高茶树遗传转化率和植株再生率的技术参数；发根农杆菌遗传转化率明显提高；基因枪与 RNAi 技术的应用有了快速发展。“覆膜扦插技术”“地膜配套保温棚技术”“高密高效茶树短穗扦插技术”“无纺布育苗袋”和“全光照喷雾育苗”技术的应用，促进了良种繁育。

3. 获得了系列特异性状的茶树新品种或新品系

继温敏型和光敏型新梢白化茶品种育成并产业化应用后，相继选育出了系列叶色白化、黄化、紫化的茶树新品种或新品系，其特点是氨基酸等品质成分含量高或者花青素等功能成分含量高，促进了功能育种的发展。其中白化和黄化的品种氨基酸含量特别高，如白化品种‘瑞雪 1 号’、‘景白 1 号’，黄化品种‘御金香’、‘中黄 1 号’。紫化品种‘紫鹃’、‘紫嫣’的花青素含量达 3% 左右。

二、国内外比较分析

（1）定向诱变和育种材料创新技术有待提升。我国茶树遗传资源丰富，为茶树育种提供了广泛的选择机会。然而，随着现有资源利用程度的不断加深，可利用的遗传变异越来越少，是影响茶树育种效率的重要原因。分子标记辅助育种和转基因技术均可以提高育种效率。我国在咖啡碱合成、儿茶素类物质合成、萌芽期、耐贫瘠等方面获得了一些分子或功能标记。日本在茶树抗病力相关基因挖掘和育种分子标记开发方面取得了较大突破。

转基因是根据育种目标进行高效定向创新育种材料的新技术，目前常用的方法有农杆菌介导的遗传转化法和基因枪法。我国利用花粉管通道法将含有 Bt 和 Cpti 双价抗虫基因的质粒转化后注入茶树花期的子房内，并收获了部分茶籽。但茶树的结实率和茶籽的生长发育均受到明显抑制，且是否能稳定遗传尚未可知。印度利用根癌农杆菌 LBA4404 成功将马铃薯几丁质酶 I 转入到茶树体细胞胚，并获得抗茶饼病转基因茶树，而渗透蛋白转基因茶苗具有一定的抗旱性和水分快速恢复能力。印度利用基因枪将外源 *nptII* 基因导入茶树中，成功获得抗虫转基因植株，但表现为生长缓慢，结实率和种子萌发率低；用 RNAi 技术构建载体 pFGC1008-CS，然后借助基因枪获得低咖啡碱转基因茶树，咖啡碱含量降低 44% ~ 61%，可可碱含量降低 46% ~ 67%。

我国虽然较早利用转基因手段进行茶树遗传转化研究，但由于植株再生技术没有新突破，转基因研究仍然停留在提高转化率上，与国外的差距正在拉大。

（2）精准的育种鉴定技术有待突破。为了精准鉴定在试育种材料，提高育种效率并缩短育种周期，印度提出了茶树品种产量预测模型 CUPPA（Cranfield University Plantation Productivity Analysis Tea Model），根据幼年期的性状表现预测成年期茶叶产量，适用于不同土壤、不同遗传类型以及不同气候条件。国外开发了一种 UPLC/QqQ-MS/MS 分析技术，一次性可以检测鉴定茶树样品 132 种不同化合物，使鉴定效率明显提高。韩国与美国学者合作开发了近红外反射光谱（NIRS）技术快速鉴定茶叶中儿茶素类化合物和咖啡碱。日本学者用吸附柱结合溶剂辅助香气蒸发（SAFE）技术研究不同茶树品种和不同茶类的香气，鉴定出 58 个挥发性成分峰，香气稀释（FD）因子在 41 ~ 47 之间，其中 4- 羟基 -2,5- 二甲基 -3（2H）- 呋喃酮等 7 种物质的 FD 因子很高。斯里兰卡研究者认为鲜叶的发酵速率、总多酚类、总儿茶素类和色素含量与品种的品质特性相关，可以作为杂交亲本选配的依据。新西兰用多目标代谢组学技术和电子计算机模型分别预测茶叶在试育种材料的品质和产量潜力，并收到良好效果。

我国也利用代谢组学技术研究了北方茶树品种与抗寒相关的化学成分，并利用 UPLC/QqQ-MS/MS 分析技术，一次性检测鉴定茶树 15 种黄烷醇及其糖苷等成分，但在育种鉴定技术领域的研究仍有待加强。

（3）功能育种有待加速。甲基化 EGCG 具有抗过敏的生理功能，日本培育出甲基化 EGCG 含量高的品种‘Benifuuki’，用其原料加工出具有抗过敏效果的功能茶饮料。斯里兰卡和印度等国在培育高 EGCG 茶树品系方面收到明显效果。

我国的茶树功能育种尚处于起步阶段。花青素具有抗氧化作用，我国已培育出花青素含量为 3% 左右的‘紫鹃’和‘紫嫣’，在高 EGCG、甲基化 EGCG、高茶氨酸茶树新品系方面也取得了明显效果，但仍然需要加速。

三、发展趋势与展望

（1）品质多样化、抗性、机械化育种。市场需求和消费者对茶叶品质的要求已经进入多样化的时代，茶树育种品质目标应该向多样化发展，如高氨基酸、低苦涩味品种，高EGCG和高甲基化EGCG品种，高茶氨酸品种，高花青素品种，低咖啡碱品种以及超细茶粉专用品种和茶饮料专用品种等。

随着极端高温干旱和极端低温气候出现的频率提高，生产对抗高温干旱、抗低温尤其是抗倒春寒危害品种的需求更加迫切。随着病、虫害耐药性的增强和病虫害发生频率增多以及市场对农药残留等质量安全指标要求的增强，生产对抗虫、抗病茶树品种需求日趋迫切。同时，出于环保原因和农业面源污染控制的加强，生产上迫切需求对肥料和光能利用率高、抗贫瘠的茶树品种。

人工采茶成本居高不下，是影响茶产业转型升级的重要因素，实行茶园田间作业机械化和采茶机械化是降低成本的重要途径。培育适应田间作业机械化和采茶机械化的专用茶树品种是今后茶树育种的重要发展方向。

（2）茶树品种品质、抗性和产量精准早期鉴定技术研究。开发并应用精准的产量、品质和抗性的早期鉴定技术是提高育种效率和加速茶树育种进程的重要手段。今后我国须加强组学技术、DNA分子标记技术、色谱技术和计算机模型技术在茶树品质、抗性和产量早期鉴定中的应用。

（3）加快分子育种研究步伐。分子标记的开发可以快速和早期筛选有应用潜力的茶树资源和品种，而转基因手段可以有目的的育种，因此需加快分子标记辅助、转基因等分子设计新技术研究，以提高茶树育种效率，并建立高效快速生态友好的繁育技术体系。

参考文献

[1] Baba R，Kumazawa K. Characterization of the potent odorants contributing to the characteristic aroma of chinese green tea infusions by aroma extract dilution analysis [J]. Journal of Agricultural and Food Chemistry，2014，62：8308-8313.

[2] Fraser K，Lane GA，Otter DE，et al. Analysis of metabolic markers of tea origin by UHPLC and high resolution mass spectrometry [J]. Food Research International，2013，53（2）：827-835.

[3] Kottawa-Arachchi JD，Gunasekare MTK，Ranatunga MAB，et al. Use of biochemical compounds in tea germplasm characterization and its implications in tea breeding in Sri Lanka [J]. Journal of the National Science Foundation of Sri Lanka，2013，41：309-318.

[4] Kumar N，Gulati A，Bhattacharya A. L-Glutamine and L-glutamic acid facilitate successful *Agrobacterium* infection of recalcitrant tea cultivars [J]. Applied Biochemistry and Biotechnology，2013，170：1649-1664.

[5] Lee MS, Hwang YS, Lee J, et al. The characterization of caffeine and nine individual catechins in the leaves of green tea (*Camellia sinensis* L.) by near-infrared reflectance spectroscopy [J]. Food Chemistry, 2014, 158: 351-357.

[6] Liu SC, Jin JQ, Ma JQ, et al. Transcriptomic analysis of tea plant responding to drought stressand recovery [J]. Plos One, 2016, 11 (1): e0147306.

[7] Mohanpuria P, Kumar V, Ahuja PS, et al. *Agrobacterium*-mediated silencing of caffeine synthesis through root transformation in *Camellia sinensis* L [J]. Molecular Biotechnology, 2011, 48: 235-243.

[8] Rana MM, Han ZX, Song DP, et al. Effect of medium supplements on *Agrobacterium rhizogenes* mediated hairy root induction from the callus tissues of *Camellia sinensis* var. *sinensis* [J]. International Journal of Molecular Sciences, 2016, 17: 1132.

[9] Saini U, Kaur D, Bhattacharya A, et al. Optimising parameters for biolistic gun-mediated genetic transformation of tea [*Camellia sinensis* (L.) O.Kuntze] [J]. Journal of Horticultural Science & Biotechnology, 2012, 87 (6): 605-612.

[10] Sandal I, Koul R, Saini1 U, et al. Development of transgenic tea plants from leaf explants by the biolistic gun method and their evaluation [J]. Plant Cell, Tissue and Organ Culture, 2015, 123: 245-255.

[11] Singh HR, Deka M, Das S. Enhanced resistance to blister blight in transgenic tea [*Camellia sinensis* (L.) O.Kuntze] by overexpression of class I chitinase gene from potato (*Solanum tuberosum*) [J]. Functional and ntegrative Genomics, 2015, 15: 461-480.

[12] Song DP, Feng L, Rana MM, et al. Effects of catechins on *Agrobacterium*-mediated genetic transformation of *Camellia sinensis* [J]. Plant Cell, Tissue and Organ Culture, 2014, 119: 27-37.

[13] Wei K, Wang LY, Wu LY, et al. Transcriptome analysis of indole-3-butyric acid-induced adventitious root formation in nodal cuttings of *Camellia sinensis* (L.) [J]. Plos One, 2014, 9 (9): e107201.

[14] Wu ZJ, Li XH, Liu HW, et al. Transcriptome-wide identification of *Camellia sinensis* WRKY transcription factors in response to temperature stress [J]. Molecular Genetics and Genomics, 2016, 291: 255.

[15] Xu YX, Mao J, Chen W, et al. Identification and expression profiling of the auxin response factors (ARFs) in the tea plant [*Camellia sinensis* (L.) O.Kuntze] under various abiotic stresses [J]. Plant Physiology and Biochemistry, 2016, 98: 46-56.

[16] Yang JB, Yang SX, Li HT, et al. Comparative chloroplast genomes of *Camellia species* [J]. Plos One, 2013, 8 (8): e73053.

[17] Yin Y, Ma QP, Zhu ZX, et al. Functional analysis of CsCBF3 transcription factor in tea plant (*Camellia sinensis*) under cold stress [J]. Plant Growth Regulator, 2016, 80: 335-343.

[18] 薄晓培，王梦馨，崔林，等. 茶树3类渗透调节物质与冬春低温相关性及其品种间的差异评价 [J]. 中国农业科学，2016，49：3807-3817.

[19] 段云裳，姜燕华，王丽鸳，等. 中国红、绿茶适制品种（系）遗传多样性与亲缘关系的SSR分析 [J]. 中国农业科学，2011，44（1）：99-109.

[20] 金珊，孙晓玲，张新忠，等. 8个茶树品种生化成分分析及抗性成分的初步鉴定 [J]. 应用昆虫学报，2016，53：516-527.

[21] 梁月荣，郑新强，陆建良，等. 茶树遗传育种研究新进展（2013）[J]. 茶叶，2014，40（1）：1-6.

[22] 林国轩，罗小梅，陈佳，等. 双无性系茶树品种人工杂交技术 [J]. 中国园艺文摘，2016(5)：225-226.

[23] 刘振，赵洋，杨培迪，等. SSR、SRAP、ISSR分子标记在茶树品种亲本鉴定上的比较分析 [J]. 茶叶科学，2014，34（6）：617-624.

[24] 罗小梅，林国轩，韦柳花，等. 广西（国家）优良茶树品种花粉生活力测定及种间杂交试验初报 [J]. 广东农业科学，2015，17：26-30.

[25] 王峰，陈玉真，王秀萍，等. 不同品种茶树叶片功能性状及光合特性的比较［J］. 茶叶科学,2016,36(3)：285-292.

[26] 王雪敏，马建强，金基强，等. 茶树杂交一代儿茶素类和生物碱的遗传变异分析［J］. 茶叶科学，2013，33（5）：397-40.

[27] 杨培迪，赵洋，刘振，等. 两个黄金茶品种插穗 ^{60}Co-γ 辐射诱变适宜剂量的研究［J］. 茶叶通讯，2016，43（2）：38-40.

[28] 杨再强，韩冬，王学林，等. 寒潮过程中 4 个茶树品种光合特性和保护酶活性变化及品种间差异［J］. 生态学报，2016，36：630-641.

[29] 郑新强，梁月荣，陆建良，等. 2011 年茶树遗传育种进展［J］. 茶叶，2012，38（1）：9-18.

撰稿人：梁月荣　成　浩　郑新强　韦　康　王丽鸳　阮　丽

茶树栽培学研究进展

茶树属多年生作物，以采收幼嫩的新梢为目标，有着旺盛的次生代谢，进而形成了有别于其他大田作物的营养特性和对土壤质量特性的要求。此外，茶园土壤环境进一步决定着茶树整个树体的营养，养分从根部吸收转运到地上部后决定着茶树的生长、发育及其新梢品质的形成。因此，茶树栽培学研究主要围绕茶园土壤、茶树营养养分管理和施肥技术、茶树营养机制、茶树栽培生理与标准化、机械化栽培技术以及近年来备受茶学学科关注的茶园土壤和茶叶中重金属、稀土元素含量现状而进行。

一、发展现状和进展

（一）发展现状

1. 茶园土壤研究

土壤是茶树生长的基础，良好的土壤肥力状况是保障茶叶产量和品质的基础，同时茶树的生理生长特性也影响土壤理化和土壤中微生物的状况，形成有别于其他作物的茶园土壤特性。有关茶园土壤研究主要集中在土壤有机质、微生物、酸化和区域性茶园土壤质量评价等方面。

（1）土壤有机质

茶园耕作、施肥、常年采摘和修剪等深刻地影响了土壤特性，如土壤有机质的含量和组成。由于土壤碳库在全球碳循环中的重要作用，茶园土壤有机碳方面的研究也成了近几年国内外学者研究的重点。不同类型茶园土壤腐殖质剖面分布表明，茶园土壤腐殖质均以胡敏素碳为主，土壤腐殖质组成与土壤有机碳、酚类含量、全氮、土壤容重和孔隙度存在显著相关性。另外，茶园土壤酚类物质含量与土壤有机质呈显著正相关，施用菜籽饼和鸡粪有利于提高土壤腐殖质和多酚氧化酶含量，从而提高茶园土壤有机质含量。茶园土壤有机质研究主要明确了茶园土壤有机质组成特征及其主控因子。

（2）土壤微生物

茶园土壤微生物种群、数量、活性以及养分是影响茶树生长和茶叶品质的重要因素。近年来，除研究土壤 pH 值、水分、温度、施用石灰等措施对茶园土壤微生物种群和数量的影响外，逐步开始利用新技术、新手段更深入地探讨茶园土壤微生物的演变特性。鄂北丘陵茶区的几处人工生态茶园中土壤微生物、脲酶和养分情况的研究为人工生态茶园建设提供了参考依据。云南大叶种茶树根际土壤微生物研究发现，古茶树群生境和台地茶园生境的两类茶园土壤细菌和真菌微生物群落组成比较一致，台地茶园生境的细菌多样性较古茶树群高，而古茶树群具有更高的真菌多样性。真菌反硝化作用对茶园土壤 N_2O 气体排放有一定的贡献。土壤微生物研究解析了茶园土壤微生物种群特征与养分转化相关的酶活特性。

（3）土壤酸化

土壤酸化研究主要围绕茶园土壤酸化原因及改良技术。研究表明，一方面，茶树种植引起土壤中交换态铝和可溶性铝的聚集，降低盐基离子如 K^+、Ca^{2+}、Mg^{2+}、Na^+ 等的含量，这种效应随着植茶年限的增加而加剧。另一方面，种植茶树加速了土壤中硅酸盐化合物和含铁化合物的矿化，也加速了土壤中钾、钙流失和铝硅累积，同时植茶引起的土壤侵蚀加剧也是导致茶园土壤酸化的原因之一。酸化茶园土壤的改良技术是近年的研究重点，生物材质对 pH 值相对较高的酸性土壤改良效果较好，合适配比的菜籽饼和碱性矿渣联合施用对酸化土壤改良也具有较好的效果。同时工业废料如矿渣、红泥等具有降低土壤中的交换性铝、增加 K^+、Ca^{2+}、Mg^{2+}、Na^+ 的作用，建议利用重金属含量低的工业废料替代传统石灰用于酸化土壤的改良。另外，高碳氮比有机物（猪粪肥）对底土酸化土壤具有一定改良效果，而低碳氮比的菜籽饼则造成底土 pH 值降低，碱渣混合有机物质表施对底层酸化土壤改良效果较好。

（4）土壤质量评价

土壤质量评价是在研究土壤环境质量变化规律的基础上，按一定的原则、方法和标准，对土壤质量的优劣与高低进行定性和定量评判。土壤质量评价有利于进一步合理利用土壤资源，茶园土壤质量评价可为茶产业发展提供科学依据和技术基础。土壤质量评价在其他利用类型土地上已有较多应用，茶园土壤质量评价近些年也逐步得到重视。可利用地理信息系统（GIS）和土地生态适宜性评价改良模型（LESE），同时结合年平均温度、大于 10℃年积温、低于 -13℃温度出现的频率、平均湿度等气象参数，以坡度、坡向、纬度、土壤类型、土壤质地等作为指标，对茶园土壤质量进行评价。

2. 茶树营养、养分管理和施肥技术研究

（1）矿质元素对茶树的营养功能

1）氮素是茶树需求量最大的矿质元素，缺氮条件下，茶树干物质积累下降，叶片的

CO_2同化速率、气孔导度都显著下降，胞间CO_2浓度显著增加，但缺氮后的表现在不同品种间存在一定的差异。茶树能同时吸收铵态氮和硝态氮，但茶树对铵态氮的吸收量高于对硝态氮，同时茶树根系对铵态氮吸收的最大速率也要明显高于硝态氮。适宜的施氮量能提高茶叶中的游离氨基酸、咖啡碱、水浸出物和叶绿素的含量，增加茶叶香气物质种类，但降低了茶多酚含量；而过量施氮肥不利于产量、品质的形成。适量施氮有利于AM真菌的侵染和菌根发育，进而促进茶树对氮、磷、钾的吸收，增加茶叶中可溶性糖和可溶性蛋白含量，降低酚氨比；但施氮过量却会抑制菌根发育，且适宜的铵销比有利于茶树组培苗的生长。

2）磷在茶树各器官中的含量为根＞叶＞茎，施磷能明显提高茶树磷的含量，增加茶叶产量，当土壤中磷的含量达到一定浓度后，继续增加施磷使茶树干物质不再增加。缺磷茶树的根中苹果酸、柠檬酸分泌增加，且磷酸烯醇丙酮酸羧化酶、磷酸烯醇丙酮酸磷酸酶、柠檬酸合成酶、NAD-苹果酸脱氢酶活性增加，而丙酮酸激酶、NADP-苹果酸脱氢酶、NADP-异柠檬酸脱氢酶活性降低。缺磷茶树叶片的超氧化物歧化酶、抗坏血酸过氧化物酶、单脱水抗坏血酸还原酶、脱氢抗坏血酸还原酶、谷胱甘肽还原酶、过氧化氢酶活性降低，导致抗坏血酸和谷酰基胱氨酰甘氨酸含量降低，但叶片中丙二醛含量不受磷供应水平的影响。缺磷降低茶叶水浸出物、茶多酚、类黄酮、总游离氨基酸、茶氨酸、天门冬氨酸、谷氨酸含量，却增加水溶性糖、缬氨酸、γ-氨基丁酸、脯氨酸、半胱氨酸的含量和酚氨比值，但对总儿茶素和儿茶素没食子酸的影响较小。

3）钾是茶叶生长的一个重要限制因素，缺钾条件下茶树生物量、叶片钾含量、叶绿素、水分利用率等都显著下降。缺钾降低了光合电子传递能力，且缺钾叶片还可通过增加热耗散以保护叶片在强光下免遭光氧化伤害。施用钾肥能增加游离氨基酸、水浸出物、茶多酚的含量，也会增加异戊烯二磷酸类、苯丙氨酸类挥发性物质和β-苯乙醇等的含量。

4）铝是茶树的非必需元素，但茶树却被称为聚铝性作物。适量施铝可促进茶树生长，有利于茶树根细胞膜的稳定，促进茶树对氟、磷、钾、铜和铁的吸收，提高叶绿素的含量，提高叶片过氧化氢酶、抗坏血酸过氧化物酶、愈创木酚过氧化物酶、超氧化物歧化酶活性。铝还会降低亚硝酸盐、丙二醛的含量，增加游离氨基酸含量。

5）钙、镁、硫等中量元素对茶叶的营养功能研究表明，当钙浓度高于150mg/L时，茶树根系对镁离子的吸收显著降低，进而影响了叶片中叶绿素组成；钙对儿茶素、氨基酸、咖啡碱生物合成具有重要调节作用，钙离子信号系统在茶树抗寒过程中发挥了重要作用。镁营养与茶叶品质形成关系密切。施硫对茶树生长和茶叶品质也有一定的影响。

6）微量元素对茶叶品质形成的影响也有研究。茶树缺锌，叶片碳水化合物和氮代谢产物减少、儿茶素增加。铁素营养在一定程度上影响安吉白茶的白化持续时间和白化程度。土壤微量矿质元素构成与茶树鲜叶的生化成分显著相关。

另外，针对茶树微量元素的互作关系也开展了积极的研究，在锌影响下，硫、磷、铜、铁、钙和铝的吸收受到显著影响。当前基于微量元素和稀土元素的茶叶产地识别技术的发展表明，土壤微量元素对于茶叶特征品质形成具有不可忽视的作用。

（2）施肥技术

1）机械施肥技术

目前我国茶园施肥机械化程度仍不高，但已生产出采用全液压传动技术直接驱动的机具进行茶园管理和作业，可实现多机具配套复合作业功能。不同机械耕作施肥处理试验结果表明，采用机械双侧旋耕、施肥深度 20cm 处理，成熟叶中氮含量较高；机械双侧旋耕、施肥深度 10cm、20cm 处理的茶叶新梢氨基酸、茶多酚、咖啡碱含量较高；机械双侧旋耕、施肥深度 10cm、20cm 处理显著增加了行间 15 ~ 35cm 范围土壤的无机氮含量，同时机械旋耕使深层土壤养分含量明显增加。

2）水肥一体化技术

氮、磷、水 3 个因素对茶树生物产量的耦合效应显著。各单因素的作用效应顺序为：氮＞水＞磷，各因素交互作用效应顺序为：氮水＞磷水＞氮磷。滴灌系统水肥耦合较好，更利于茶树吸收利用养分。滴灌施肥可促进茶树对氮素的吸收利用，延缓土壤酸化。滴灌施肥比常规施肥增产 3.4% ~ 9.3%，但对茶叶品质影响不显著。

3）控释肥施用技术

控释肥通过调节肥料养分释放动态，在时间上使养分供应与茶树需求相匹配。茶园施用控释肥能促进茶树的生长发育，增强茶树光合速率，增加百芽重，同时提高叶绿素、氨基酸、咖啡碱的含量，降低酚 / 氨值，提高氮、磷的有效利用，提高茶叶产量。控释氮肥减少 30% 氮肥用量而不影响茶叶产量和品质，而且能明显延长氮在土壤中的留存时间。

4）有机肥施用技术

近几年，茶园有机肥施用技术研究主要集中在对茶叶产量、品质的影响，对茶园土壤的影响以及有机肥使用安全等方面，对不同种类的有机肥肥效也开展了比较试验。在茶农习惯施肥基础上减氮 20% 并配施有机肥能提高茶叶产量和品质。不同有机、无机肥配比施用时，增产和品质提高效果均以 70% 有机肥加 30% 化肥处理时最佳，施用有机肥加化肥的茶园土壤养分协调较化肥更佳。与化肥相比，长期施用有机肥并添加无机肥的土壤具有较高的颗粒态有机碳、活性有机碳和微生物生物量碳，较低的土壤硝铵比，土壤磷组分中有机磷含量增加，钙结合态磷（Ca–P）含量降低。

（3）施肥的环境效应

施肥是保证获得理想的茶叶产量和品质的重要农艺措施，但也是茶园环境负荷的重要来源。研究人员对茶园土壤 N_2O 排放强度进行了较多研究，田间条件下茶园土壤排放的 N_2O 具有明显的空间变异性，硝化作用和反硝化作用是 N_2O 排放的主要来源。研究表明，硝化抑制剂 3，4– 二甲基吡唑磷酸盐和双腈胺等能明显抑制硝化作用，降低硝酸盐的产生，减少 N_2O 排放。在高酸性土壤中，反硝化作用是茶园中主要的 N_2O 排放来源，土壤中 N_2O

还原酶活性被抑制是导致高 N_2O 排放的重要原因之一。较高的气温和土温明显地促进 N_2O 排放，施氮量、环境温度、降水是影响 N_2O 排放的主要因素。当林地向茶园转化时，由于微生物硝态氮矿化下降，异养硝化作用、自养硝化作用和储存的非生物硝态氮释放增加，导致土壤中更多的硝态氮产生，淋溶加剧。

3. 茶树分子营养机制研究

茶树在长期的进化过程中，已形成一套自身的调控机制以适应多变的茶园土壤环境。近年来，随着分子生物学的发展，茶树的营养调控机制也逐步加强。

（1）茶树高效养分转运子基因的分离和克隆

营养元素利用效率是影响茶树生长和发育的主要因素。茶树吸收利用的无机氮形式主要有铵态氮（NH_4^+-N）和硝态氮（NO_3^--N）两种，同时茶树对 NH_4^+-N 的吸收利用要快于 NO_3^--N，具有明显的喜铵特性，供给 NH_4^+-N 营养时的茶树长势优于 NO_3^--N 营养。研究者发现植物养分的高效吸收利用与养分转运蛋白密切相关。因此，开展相关研究工作以期揭示茶树铵转运蛋白和硝酸根转运蛋白在茶树氮营养中的调控机制具有重要意义。迄今为止，NCBI 数据库中登录的有关茶树养分转运子基因信息包括茶树氮营养相关的铵转运子基因（*CsAMT1; 1* 和 *CsAMT1; 2*）以及硝酸根转运蛋白基因（*CsNRT*）。

此外，在其他植物中也发现了很多有关硼、硅、铝、钾等转运蛋白。茶树作为富含铝和氟的植物，却能在酸性土壤环境下保持良好的长势，应该与其独特的转运机制和相关转运蛋白有着重要的关系。另外，转录组数据挖掘也鉴定了参与茶树铝吸收转运富集相关的关键基因。基于茶树自身生长的这种特殊性，有关茶树铝、钾、硼等元素的转运蛋白也值得深入研究。

（2）茶树氮营养分子生理机制

茶树作为叶用作物，氮素营养对其生长发育、生理生化代谢过程以及茶叶良好品质的形成起着至关重要的作用。谷氨酰胺合成酶（Glutamine Synthetase，GS）是将无机氮转化为有机氮的门户，在植物氮代谢过程中起着举足轻重的作用。GS 有两种类型的同工酶，包括位于细胞质中的 GS1 和叶绿体中的 GS2。近年来，研究发现茶树 GS1 基因表达具有组织特异性，且在转录水平上受氮源、光、非生物胁迫等调控。然而，有关茶树质体型 GS2 基因的研究则较少。在茶树叶片白化过程中，叶绿体的解体伴随着 GS 蛋白的降解，但不清楚具体是 GS1 还是 GS2 或者二者均发生降解。

（3）茶树 microRNA 的研究

microRNA（miRNA）是一类长约 21nt（nucleotide）的内源非编码单链 RNA，主要存在于蛋白编码基因的内含子区域或两个蛋白编码基因的间隔区，由于本身无开放阅读框而不具备编码蛋白质的功能。研究发现，miRNA 通过转录后调控机制影响目的基因（靶基因）的表达，进而参与植物发育、代谢、信号转导以及抵御生物和非生物胁迫等多个生物学过程。另外，茶树生殖生长和芽的休眠生长节律也深刻地影响着茶树养分的吸收、运输分配和代谢。因此，茶树 miRNAs 的研究可从表观遗传学的角度为茶树营养分子调控机制提供一定的依据。

4. 茶树栽培生理与标准化、机械化栽培研究

（1）栽培生理

茶氨酸、茶多酚、咖啡碱等是茶树叶片中主要的品质成分。遮阴处理可提高茶树根系对氮的吸收，同时降低茶树体内茶氨酸的代谢，从而使得茶树体内茶氨酸含量升高，且类黄酮代谢途径相关基因表达模式发生改变。而黑暗处理可使茶树体内儿茶素代谢途径发生变化，包括多酚代谢相关基因和儿茶素各组分含量的改变。

茶树可通过自身的生理代谢、结构发育和形态建成等方面来提高对环境胁迫的适应性，如水分胁迫。目前对茶树逆境胁迫的研究也逐渐深入到分子水平，并取得了一定的进展。如抗逆境胁迫相关的基因克隆：茶树紫黄素脱环氧化酶 VDE 基因、CAT 基因、SOD 酶基因 MnSOD 和 Cu/ZnSOD、乙烯代谢相关的 ACC 氧化酶基因以及 APX 基因。这些抗逆相关基因的克隆，为茶树抵抗环境胁迫机制的研究提供了一定的分子基础。

（2）标准化栽培

茶园标准化生产栽培主要包含无公害、绿色、有机茶以及农产品地理标志（“三品一标”）。近年来，新制定或修订了无公害茶叶生产的系列标准，在基地选择与规划、茶树种植、土壤管理、施肥和病、虫、草害防治等方面进行补充完善。对良好农业规范标准、有机茶等相关标准也进行了修订。为促进茶叶绿色发展，提升茶叶生产效率和质量，农业部开展了茶叶标准园创新活动，组织制定了《标准茶园建设规范》（NY/T 2172—2012），对标准茶园的建设规模、园地要求、栽培技术、加工技术、产品要求、管理体系和验收方法等进行标准化管理。

（3）茶园作业机械装备

茶园作业机械包括机耕、机采、机剪、施肥、灌溉、植保等机械。在茶园耕作机械方面，开发出具有多功能化的管理机、小型乘坐履带式茶园管理机和多功能微耕机，除了能完成土壤耕作作业外，还可进行施肥作业。对小型化便携式采茶机和动力来源进行了探索，研发出具有减震装置的内燃机驱动采茶机、太阳能手持式采茶机和电动采茶机。对智能采茶机器人也进行了初步尝试。根据我国茶园的基本特征，创新了平地跨行高地隙、缓坡行间行走超低地隙和陡坡轻简型三类“动力平台 +”的作业技术模式，创制了“针式”仿生耕作、负压捕虫、仿生采茶等装备，机具基本覆盖茶园作业全程，形成了适合三类典型茶园的作业技术模式与装备体系。

5. 茶园土壤和茶叶重金属、稀土元素研究

（1）茶叶中重金属元素含量

重金属是影响茶叶饮用安全的重要因素，目前已建立了铅元素的限量标准。综合有关研究，茶叶中的铅超标率（限量标准 5mg/kg，GB 2762—2012）在 3% 以下，但不同茶类、不同区域间茶叶产品中铅含量差异仍较大。如西湖龙井茶区 18 个嫩叶原料中铅含量范围为 0.4 ~ 3.02mg/kg，平均含量为 1.63mg/kg；云南产 56 份普洱茶中的铅、铜、铬、砷、镉含量范围分别为：0.66 ~ 4.66mg/kg、14.8 ~ 19.3mg/kg、1.95 ~ 4.98mg/kg、0.07 ~ 0.25mg/kg、0.023 ~ 0.130 mg/kg。2010 ~ 2013 年连续每年随机抽检 10 份市售袋泡茶的研究发现，铅超标率具有递增趋势。因此，茶叶中的重金属问题仍需持续关注。

（2）茶园土壤中重金属含量现状

目前，我国仍未对茶园土壤中重金属含量进行系统的调查，但区域性的调查研究显示，西湖龙井茶区 18 个土壤中的铅含量，表层土壤铅含量范围为 15 ~ 60mg/kg；宁德市 32 ~ 36 个茶园土壤样点中 13 种重金属的含量分析表明，茶园的土壤质量整体是安全的，达警戒线的样点数比例为 11.1%，有个别样点接近或略微超出警戒线；贵州部分茶园存在着砷、镉、汞等重金属超标现象。因此，从上述情况可看出，我国茶园土壤重金属元素含量总体安全，但个别茶园仍存在着污染风险。

（3）茶叶中重金属、稀土元素的来源

近年来，科学工作者开展了大量的研究工作以探明茶叶中的重金属来源。多数的研究结果表明，大气沉降、土壤中的重金属污染及加工环境的重金属污染可能是茶叶中重金属超标的主要来源。土壤中加入茶多酚会改变土壤有机质组分及铅的生物有效性，土壤有机质及其组分（水溶态物质、富里酸、胡敏酸、土壤微生物生物量）与茶树不同组织中的铅含量均表现出了密切关系。15 种稀土总量在茶树体各部位中的分布表现为：根＞茎＞老叶＞成熟叶＞叶柄＞芽，稀土在茶树体内根茎部有明显的累积，土壤与含稀土叶面肥使用被认为是茶叶中稀土的两个主要来源。

（二）重要进展

1）在茶园土壤研究方面，除了关注长期植茶后茶园土壤有机质变化特点外，人们越来越重视茶园土壤在全球碳循环中所起的重要作用。退耕植茶能增强土壤碳汇效应，随着退耕植茶年限的延长，土壤总有机碳、活性有机碳和非活性有机碳的含量均有所增加。随着植茶年限的增加，土壤中总有机碳含量增加，而土壤团聚体各有机碳组分随植茶年限的变化存在差异，表现为团聚体活性有机碳和颗粒有机碳呈先降低再增加的变化，团聚体水溶性有机碳、可矿化碳和微生物量碳则呈现先增加再降低的趋势。

2）分子技术手段也开始成为茶叶土壤方面研究的技术手段之一，开始应用于茶园土壤微生物种群数量和演变的研究，并在茶园土壤质量评价、土壤酸化原因和应用生物质、改良酸化茶园土壤取得一定进展。通过提取土壤 RNA、嵌套 PCR-DGGE 技术证明了生态环境变化对微生物种群数量的重要性，表明茶园微生物遗传多样性指数明显低于荒地，茶园土壤微生物主要以酸杆菌为主，其次是蛋白菌、厚壁菌和蓝细菌。

3）在茶树养分功能和调控技术方面，对主要营养元素（氮、磷、钾等）的营养功能及其在茶叶品质成分代谢中的作用和茶树吸收特性等有了更深入的认识；在茶树养分转运子基因克隆、氮营养分子生理机制、抗环境胁迫的分子基础等方面的研究逐渐深入。在机械施肥、水肥一体化、控释肥施用等技术研究方面取得较大进展，施肥的环境效应特别是温室气体排放影响也已成为近年的研究热点。伴随着食品安全问题的突出，茶叶产地土壤重金属和稀土等的安全状况、茶树累积特点的研究也有较大进展。

4）在大宗茶机械化修剪及采摘基础上，对生产优质茶的茶园机械化栽培管理进行了较系统的研究。提出了优质绿茶机采茶园的树冠培养模式、采摘适期指标，机械化采摘及分级处理技术，为实现名优茶的机采机制奠定了良好基础。研制出了新型便携式名优茶采摘机、鲜叶筛分机等关键设备。试验表明，优质茶机采叶完整率可达 70% 左右，比传统采摘机械提高 20%；采摘效率比手工提高 7 倍，采摘成本下降 80%。

二、国内外比较分析

无论是国内还是国外，茶园土壤研究主要围绕土壤有机质、土壤微生物、土壤酸化以及土壤质量评价这 4 个方面。总的来说，国内研究明确了茶园土壤有机质组成特性及其主控因子、解析了茶园土壤微生物种群特征与养分转化的相关酶活性、分析了土壤致酸原因以及开展的茶园土壤酸化改良技术研究。在土壤质量评价方面，国内研究者建立了一系列的茶园土壤质量、生态、风险评价模式，而国外研究结果进一步说明并解释了我们的研究结果。有研究发现，由于茶树修剪物的大量还园，无论是否施用有机改良剂，20 年来日本茶园土壤有机质每年以 2.0 ~ 2.5g/kg 速度增加。也有研究表明，种植茶树加速了土壤中硅酸盐化合物和含铁化合物的矿化，也加速了土壤中钾、钙流失和铝硅累积，同时植茶引起的土壤侵蚀加剧也是导致茶园土壤酸化的原因之一。

茶树营养、养分管理和施肥技术研究方面，国内研究已较为全面。大量元素氮、磷、钾的研究基本明确了其与茶树品质形成关系以及在茶树抗性方面的贡献；中微量元素钙、镁、硼等的研究除了明确其对茶树特征品质成分的影响，另外还有近年来发展起来的基于中微量元素的茶叶产地识别技术；而对茶树来说的有益元素铝的研究进一步明确了铝可促进茶树生长发育和品质形成。相对来说，国外在这方面的研究则较少，相关研究围绕磷、硼、铝等一些元素展开。施肥技术研究方面，国内主要围绕一些技术参数的确定和适宜的氮、磷、钾养分比例；印度开展了一些有机肥长期定位施用试验，结果表明与施用化肥相比，施用有机肥 4 年后尽管降低了产量，但茶叶品质有所提升。施肥的环境效应，国内外研究相对集中在茶园土壤温室气体 N_2O 的排放。

国内外茶树分子营养调控机制研究尚处于起步阶段。国外研究则相对领先一点，特别是在小 RNA 的研究上，通过数据库信息挖掘鉴定了茶树中特有的 miRNAs，从转录后调控水平上补充了茶树分子营养调控机制。茶叶重金属含量现状研究以国内为主，国外研究不多。

三、发展趋势与展望

1. 茶园土壤研究

1）受培肥管理措施、茶枝修剪物还园及根系分泌有机物等因素的影响，随着植茶年限的增加，土壤总有机碳及活性有机碳含量增加，并减少土壤有机碳的淋溶损失，茶园土壤呈碳源转向碳汇的趋势，但是否存在植茶年限的时间节点尚不清楚；利用稳定碳同位素技术系统研究有机碳微生物分解、土壤侵蚀、有机碳径流和下渗损失是未来的研究重点。

2）将现代高通量测序技术平台和相应生物信息挖掘分析技术相结合来研究茶园土壤微生物遗传多样性，以明确茶树根际微生物群落组成及其代谢特征图谱，为最终获取大量微生物菌种资源提供技术支持，而以土壤微生物多样性与功能、重要微生物功能基因组和蛋白质组学为核心的研究将成为茶园土壤微生物学的热点与方向。

3）在茶园土壤酸化过程及机制研究方面，建立一系列长期定位观测试验，量化酸沉降、化肥施用及植茶因素等致酸过程对茶园土壤酸化的贡献，通过计算质子通量平衡建立模型研究植茶土壤酸化速率，为茶园土壤酸度演变预测提供支撑。在茶园土壤酸化调控方面，重点克服现有土壤酸度改良剂生物活性低、底土改良不彻底、施用成本高等问题，将化学方法、生物学方法与农艺措施相结合建立综合调控技术，实现茶园土壤酸化有效阻控。

4）茶园土壤质量评价研究中，评价指标的筛选与量化是重点和难点，其中土壤物理和化学指标应用较多，而对管理措施反应敏感的土壤生物学指标（如土壤微生物和酶活性）的量化研究较少，将是今后茶园土壤质量评价研究的重点。地理信息系统（GIS）技术的不断发展，与其他分析方法或应用模型综合利用，为今后茶园土壤质量评价提供重要的技术支撑。

2. 茶树营养与养分管理技术

1）目前茶园平衡施肥主要依赖复合肥投入，然而调查发现大部分施用的复合肥的氮、磷、钾养分比例并不合适，磷的比例过大，造成了生产中花果过多等问题。针对此问题，需要开始根据不同区域的土壤养分含量、茶树需肥特性研制生产茶树的专用配方肥。

2）综合养分管理技术中的测土配方与分期施用策略在推行中存在一定难度。主要是茶树种植区块土壤性质差异大，而对每个地块进行精准测定的成本过高，而分期施用意味着人工成本的增加，会抵消节省的肥料成本。因此，需要研制出符合茶树需肥规律的缓效控释肥，在不增加肥料用量和施肥次数的前提下，能满足茶树的养分需求。

3）在绝大多数地区，尽管茶农认识到有机肥的不可替代性，但是受制于地形、成本等因素，大面积推广有机肥施用仍存在相当难度，需要研制出更适宜的有机肥施用技术与装备。

3. 茶树分子营养机制研究

1）茶树种质资源丰富，如何对茶树养分利用高效型遗传材料进行挖掘是未来茶树养分机制研究需关注的热点。茶树不同品种之间对营养元素需求存在显著基因型差异已经被国内同行所证实。然而，目前并无对现有的养分高效型茶树品种及其调控机制进行研究。另外，由于茶树不同品种间存在较大的遗传差异，也对现有遗传材料的挖掘带来极大的挑战。

2）茶树养分元素吸收相关基因挖掘及功能分析存在差距。养分的高效吸收与养分转运蛋白密切相关。国内外研究者已获得多个茶树氮转运蛋白基因，其他养分元素转运蛋白也仅限于硫酸盐转运蛋白。目前这些基因各自的生理功能尚不明了，有待深入研究。

参考文献

[1] Fan D, Fan K, Zhang D, et al. Impact of fertilization on soil polyphenol dynamics and carbon accumulation in a tea plantation, Southern China [J]. Journal of Soils Sediments, 2016, 1-10.

[2] Wang H, Yang JP, Yang SH, et al. Effect of a 10 ℃ -elevated temperature under different water contents on the microbial community in a tea orchard soil [J]. European Journal of Soil Biology, 2014, 62: 113-120.

[3] Wang L, Yang XL, Rachel K, et al. Combined use of alkaline slag and rapeseed cake to ameliorate soil acidity in an acid tea garden soil [J]. Pedosphere, 2013, 23 (2): 177-184.

[4] Li Q, Huang J, Liu S, et al. Proteomic analysis of young leaves at three developmental stages in an albino tea cultivar [J]. Proteome Science, 2011, 9: 44.

[5] Wang L, Butterly CR, Chen QH, et al. Surface amendments can ameliorate subsoil acidity in tea garden soils of high-rainfall environments [J]. Pedosphere, 2016, 26 (2): 180-191.

[6] Li B, ZHang F, ZHang LW, et al. Comprehensive suitability evaluation of tea crops using GIS and a modified land ecological suitability evaluation model [J]. Pedosphere, 2012, 22 (1): 122-130.

[7] Yang YY, Li XH, Ratcliffe RG, et al. Characterization of ammonium and nitrate uptake and assimilation in roots of tea plants [J]. Russian Journal of Plant Physiology, 2013, 60 (1): 91-99.

[8] Lin ZH, Qi YP, Chen RB, et al. Effects of phosphorus supply on the quality of green tea [J]. Food Chemistry, 2012, 130 (4): 908-914.

[9] Ruan JY, Ma LF, Shi YZ. Potassium management in tea plantations: Its uptake by field plants, status in soils, and efficacy on yields and quality of teas in China [J]. Journal of Plant Nutrition Soil Science, 2013, 176 (3): 450-459.

[10] Ruan JY, Ma LF, Yang YJ. Magnesium nutrition on accumulation and transport of amino acids in tea plants [J]. Journal of the Science of Food & Agriculture, 2012, 92 (7): 1375.

[11] Zhang YF, Wang Y, Ding ZT, et al. Zinc stress affects ionome and metabolome in tea plants [J]. Plant Physiology and Biochemistry, 2017, 111: 318-328.

[12] Li Y, Fu XQ, Liu XL, et al. Spatial variability and distribution of N_2O emissions from a tea field during the dry season in subtropical central China [J]. Geoderma, 2013, 193: 1-12.

[13] Fu XQ, Li Y, Su WJ, et al. Annual dynamics of N_2O emissions from a tea fielding southern subtropical China [J].

Plant Soil Environment, 2012, 58 (8): 373-378.

[14] Huang Y, Li YY, Yao HY. Nitrate enhances N_2O emission more than ammonium in a highly acidic soil [J]. Journal of Soils and Sediments, 2014, 4: 146-154.

[15] Han WY, Xu JM, Wei K, et al. Estimation of N_2O emission from tea garden soils, their adjacent vegetable garden and forest soils in eastern China [J]. Environmental Earth Sciences, 2013, 70 (6): 2495-2500.

[16] Zhu TB, Zhang JB, Meng TZ, et al. Tea plantation destroys soil retention of NO_3^- and increases N_2O emissions in subtropical China [J]. Soil Biology and Biochemistry, 2014, 73: 106-114.

[17] Zhang L, Li Q, Ma L, et al. Characterization of fluoride uptake by roots of tea plants [*Camellia sinensis* (L.) O. Kuntze] [J]. Plant and soil, 2013, 366 (1/2): 659-669.

[18] Li Y, Huang J, Song XW, et al. An RNA-Seq transcriptome analysis revealing novel insights into aluminum tolerance and accumulation in tea plant [J]. Planta, 2017, 246(1): 91-103.

[19] Li Q, Huang J, Liu S, et al. Proteomic analysis of young leaves at three developmental stages in an albino tea cultivar [J] .Proteome Science, 2011, 9: 44.

[20] Deng WW, Fei Y, Wang S, et al. Effect of shade treatment on theanine biosynthesis in *Camellia sinensis* seedlings [J]. Plant Growth Regulation, 2013, 71 (3): 295-299.

[21] Hong G, Wang J, Zhang Y, et al. Biosynthesis of catechin components is differentially regulated in dark-treated tea[*Camellia sinensis* (L.)] [J]. Plant Physiology and Biochemistry, 2014, 78: 49-52.

[22] Wang YS, Gao L P, Shan Y, et al. Influence of shade on flavonoid biosynthesis in tea [*Camellia sinensis* (L.) O. Kuntze] [J]. Scientia Horticulturae, 2012, 141: 7-16.

[23] Lu YF, Yang HM, MA LY, et al. Application of Pb isotopic tracing technique to constraining the source of Pb in the West Lake Longjing tea [J]. Chinese Journal of Geochemistry, 2011, 30: 554-562.

[24] Lv HP, Lin Z, Tan JF, et al. Contents of fluoride, lead, copper, chromium, arsenic and cadmium in Chinese Pu-erh tea [J]. Food Research International, 2013, 53: 938-944.

[25] Duan DC, Wang M, Yu MG, et al. Does the compositional change of soil organic matter in the rhizosphere and bulk soil of tea plants induced by tea polyphenols correlate with Pb bioavailability? [J]. Journal of Soils and Sediments, 2014, 14 (2): 394-406.

[26] Zhao J, Wu XB, Nie C, et al. Analysis of unculturable bacterial communities in tea orchard soils based on nested PCR-DGGE [J]. World Journal of Microbiology and Biotechnology, 2012, 28: 1967-1979.

[27] Ai L, Kohyama K, Takata Y, et al. Change in soil carbon in response to organic amendments in orchards and tea gardens in Japan [J]. Geoderma, 2015, 237-238: 168-175.

[28] Alekseeva T, Alekseev A, Xu RK, et al. Effect of soil acidification induced by a tea plantation on chemical and mineralogical properties of Alfisols in eastern china [J]. Environment Geochemistry and Health, 2011, 33: 137-148.

[29] Debnath A, Barrow NJ, Ghosh D, et al. Diagnosing P status and P requirement of tea (*Camellia sinensis* L.) by leaf and soil analysis [J]. Plant Soil, 2011, 341 (1/2): 309-319.

[30] Upadhyaya H, Dutta BK, Sahoo L, et al. Comparative Effect of Ca, K, Mn and B on post-drought stress recovery in tea [*Camellia sinensis* (L.) O Kuntze] [J]. American Journal of Plant Sciences, 2012, 3 (4): 443-460.

[31] Hajiboland R, Bahrami-Rad S, Bastani S, et al. Boron re-translocation in tea [*Camellia sinensis* (L.) O. Kuntze] plants [J]. Acta Physiologiae Plantarum, 2013, 35 (8): 2373-2381.

[32] Mukhopadyay M, Bantawa P, Das A, et al. Changes of growth, photosynthesis and alteration of leaf antioxidative defence system of tea [*Camellia sinensis* (L.) O. Kuntze] seedlings under aluminum stress [J]. Biometals, 2012, 25 (6): 1141-1154.

[33] Tolrà R, Vogel-Mikuš K, Hajiboland R, et al. Localization of aluminium in tea (*Camellia sinensis*) leaves using

low energy X-ray fluorescence spectro-microscopy [J]. Journal of Plant Research, 2011, 124 (1): 165–172.

[34] Das S, Borua PK, Bhagat RM. Soil nitrogen and tea leaf properties in organic and conventional farming systems under humid sub-tropical conditions [J]. Organic Agriculture, 2016, 6: 119–132.

[35] Kwack Y, Kobayashi K. Application of DNDC model to estimate N_2O emissions from green tea fields in Japan [J]. Journal of Crop Science and Biotechnology, 2011, 14 (2): 157–162.

[36] Yamamoto A, Akiyama H, Naokawa T, et al. Lime-nitrogen application affects nitrification, denitrification, and N_2O emission in an acidic tea soil [J]. Biology and Fertility of Soils, 2014, 50 (1): 53–62.

[37] Mohanpuria P, Yadav SK. Characterization of novel small RNAs from tea (*Camellia sinensis* L.) [J]. Molecular Biology Reports, 2012, 39 (4): 3977–3986.

[38] Jeyaraj A, Chandran V, Gajjeraman P. Differential expression of microRNAs in dormant bud of tea [*Camellia sinensis* (L.) O. Kuntze] [J]. Plant Cell Reports, 2014, 1–17.

[39] Othman A, Al-Ansi S, Al-Tufail M. Determination of lead in saudi arabian imported green tea by ICP-MS [J]. Journal of Chemistry, 2012, 9 (1): 79–82.

撰稿人：刘美雅　伊晓云　江福英　石元值　马立峰
张群峰　倪　康　尤志明　阮建云

茶树植物保护学研究进展

茶树植物保护学是研究茶树病虫草害等有害生物类别、生物学特性、为害规律、成灾机理和防治策略的基础理论和应用技术的综合学科。我国已知茶树害虫种类800余种、病害种类100余种、杂草种类30余种，每年茶叶因遭受为害而损失10% ~ 20%的产量。因此，茶树植物保护学是保护茶叶生产安全、保障茶叶质量安全、促进茶产业可持续发展的重要支撑。随着科学技术的发展，茶树植物保护学的研究水平和技术应用水平有了明显的提高，特别是在减少化学农药用量、无公害防治技术方面取得了明显的效果。

一、发展现状和进展

1. 茶树病虫命名变更

随着对病虫害形态特征的再鉴定，以及分子生物学技术在茶树有害生物分类研究中的应用，对假眼小绿叶蝉、茶尺蠖等我国茶树主要害虫的种名，以及炭疽病等茶园主要病害的病原菌有了新的认识。

（1）茶小绿叶蝉

茶小绿叶蝉是我国茶园重要害虫，20世纪80年代前定名为小绿叶蝉［*Empoasca flavescens*（Fabricius）］。1988年，根据全国各茶区采集的标本将其鉴定为假眼小绿叶蝉［*Empoasca vitis*（Göthe）］，该学名被广泛接受并沿用至今。近年来有学者对该虫的分类提出不同意见。从中国大陆、日本和中国台湾地区共采集11个种群的小绿叶蝉，进行单样本的COI和16S基因序列的扩增和分析，通过外部形态并结合雄性生殖器特征的比较分析，确定中国大陆的*E. vitis*、中国台湾地区的*Jacobiasca.formosana*（Paoli）和日本的*E. onukii*是一个种群，且应为小贯小绿叶蝉［*Empoasca*（*Matsumurasca*）*onukii* Matsuda］。对贵州、重庆、海南、福建茶园的2988个小绿叶蝉昆虫标本进行形态特征分析，发现茶园小绿叶蝉有小贯小绿叶蝉、烟翅小绿叶蝉［*Empoasca*（*Empoasca*）*limbifera* Matsumura］、拟小茎小绿叶蝉［*Empoasca*（*Empoasca*）*paraparvipenis* Zhang & Liu］、广道小绿叶蝉［*Empoasca*（*Empoasca*）*hiromichii*（Matsumura）］等7个种，其中小贯小绿叶蝉为茶园优势种，数量占98.90%。

（2）茶尺蠖与灰茶尺蠖

茶尺蠖（*Ectropis obliqua* Prout）和灰茶尺蠖（*Ectropis grisescens* Warren）属鳞翅目（Lepidoptera），埃尺蛾属（*Ectropis*），是我国茶园主要食叶害虫。由于灰茶尺蠖和茶尺蠖形态相似，并且种内存在形态多样性，所以区分困难。过去我国对这两个种统一称为“茶尺蠖”。近年来，研究人员发现不同地区“茶尺蠖”对茶尺蠖核型多角体病毒的敏感性差异较大，由此引发了不同地区的“茶尺蠖”存在种群分化的思考。遗传杂交、形态学观察和分子特征分析表明，两种尺蠖杂交具生殖隔离且灰茶尺蠖对茶尺蠖的生殖干扰作用更为明显，两种尺蠖的钩形突基宽、囊形突长、角状器中部宽等部分形态学特征存在显著差异，同时二者种内、种间遗传距离存在明显的“barcoding gap”。因此，我国常称的“茶尺蠖”实际包括茶尺蠖和灰茶尺蠖两个种。有关这两个种在我国地理分布的研究工作正在开展中。

（3）炭疽病

炭疽病是我国茶树重要的叶部真菌病害，其病菌属种级分类多年来始终存在争议。近年来，利用多基因位点系统发育技术结合形态学手段，对炭疽病病菌属种级分类进行了详细的研究。分离、鉴定出我国主要产茶省炭疽病的病原有 *Colletotrichum alienum*、*C. boninense*、*C. camelliae*、*C. cliviae*、*C. fioriniae*、*C. fructicola*、*C. gloeosporioides*、*C. karstii* 等10多个种，其中包含多个新记录种及少量新种和未知种，但主要病原还有待进一步研究确认。

2. 水溶性农药的风险预警和替换品种筛选

2011—2013年，对我国各茶区近万种茶叶、茶产品（包括速溶茶、茶饮料）样品农残检测结果显示，吡虫啉和啶虫脒两种农药的检出率很高。其中，吡虫啉检出率为60.7% ~ 63.5%，超标率为28.0% ~ 29.5%；啶虫脒检出率为64.1% ~ 65.2%，超标率为19.6% ~ 20.7%〔按2013年欧盟实施的农药最大残留限量（MRL）标准计算，吡虫啉为0.05mg/kg、啶虫脒为0.1mg/kg〕。进一步研究发现，茶叶中吡虫啉和啶虫脒的农药残留在茶汤中有较高的浸出率，分别为29% ~ 45%和68% ~ 85%。2013年由欧洲食品安全局（European Food Safety Authority）署名发表的论文，报道了吡虫啉和啶虫脒对蜜蜂具有高毒性，并已做出对吡虫啉、噻虫胺和噻虫嗪3种新烟碱类农药经欧洲议会讨论通过自2019年1月1日起在欧洲大地上不得在农作物上使用的决定，且可在温室作物上应用。同时还提出吡虫啉、啶虫脒对人类有潜在的神经发育毒性，目前所制订的急性参考剂量已不足以保护其神经毒性对人体影响的意见。考虑到这两种高水溶性新烟碱类农药对饮茶者的安全风险，2014年我国提出了吡虫啉和啶虫脒在茶产业的风险预警。在此基础上进行了上述两种水溶性农药替代品种的筛选、示范和推广。经国家茶产业体系3个功能研究室和18个实验站4年的协同研究，已筛选出溴虫腈、茚虫威、唑虫酰胺、高效氯氟氰菊酯·噻虫嗪等 4 种低水溶性农药。这 4 种农药对靶标害虫的防治效果显著优于吡虫啉、啶虫脒，且防治成本较低，在使用技术上也简易可行。目前已在全国茶区示范推广 35 万亩，并获得一致好评。

3. 引入先进技术提高茶树病虫防控研究水平

（1）利用神经电生理学和昆虫生理学的结合，加深对刺吸式口器害虫为害性的理解

刺探电位图谱技术（electrical penetration graph，EPG）通过刺吸式口器昆虫口针不同行为引起的电信号变化来确定口针在寄主组织中的行为与定位，是研究刺吸式口器昆虫取食行为、寄主植物选择性、植物抗虫机制以及昆虫传毒机制等的重要手段。EPG 在茶树上的研究始见于茶蚜（*Toxoptera aurantii* Boyer）。运用 EPG 并结合透射电镜等植物组织学手段，证实茶小绿叶蝉是破损细胞取食者，并分析了茶小绿叶蝉在不同茶树品种上的取食行为差异和抗性因子定位。茶小绿叶蝉在茶树上的取食行为主要包括路径刺探、植物多细胞撕裂、唾液分泌、主动取食和维管束取食。EPG 的引入对研究茶树品种的抗刺吸式口器害虫机理以及抗虫品种的选育提供了有利的手段。

（2）昆虫嗅觉生理的研究为茶树害虫化学生态学研究找到正确的方向

昆虫嗅觉电生理技术是记录昆虫感知挥发性化学信息过程中嗅觉感受器电位变化的技术，有助于深入了解昆虫化学感受系统、嗅觉感受与行为反应之间的关系。目前在茶树害虫化学生态学研究中发挥重要作用的是气相色谱与触角电位联用技术（GC-EAD）。GC-EAD 充分利用了气相色谱对样品的高分辨率和昆虫触角对样品的高灵敏度、高选择性等优点，使分离、鉴定植物挥发物、昆虫性腺提取物等样品中活性成分的工作变得简单且准确。例如，茶尺蠖为害诱导的茶树挥发物对同种具引诱力，从虫害诱导茶树挥发物的 40 余种组分中，筛选出顺 -3- 己烯醋酸酯、苯甲醇、香叶烯等 10 余种对茶尺蠖触角具电生理活性的物质。罗勒、迷迭香、柠檬桉、芸香等 4 种芳香植物挥发物对茶尺蠖成虫有驱避作用，利用 GC-EAD 从这 4 种芳香植物挥发物的 60 余种组分物质中筛选出马鞭草烯醇、樟脑、萜品烯等 8 个电生理活性物质。这些电生理活性物质为研发茶树害虫植物源引诱剂、驱避剂打下了坚实的基础。

（3）分析技术的发展加快了茶尺蠖、灰茶尺蠖性信息素的研究

昆虫性信息素具有高效、环保、专一性强等优点，受到各国科学家的肯定，被认为是“生物合理农药”，具有良好的应用前景。茶尺蠖性信息素的报道始见于 1991 年，当时共鉴定出 7 种组分，但其田间诱蛾效果并不理想。目前市场上也有 3 ~ 4 种“茶尺蠖”性信息素的商品，但在全国 11 个地区开展的田间试验结果来看，这些商品似乎还未达到可接受的程度。这至少说明在性信息素成分的精确配伍，以及目标害虫的虫种鉴定上还存在问题。随着俗称的“茶尺蠖”实际包含两个种（茶尺蠖、灰茶尺蠖）这一问题的发现，以及分子生物学技术在昆虫分类研究中的应用，已能够准确区分这两个物种。在此基础上，采用 GC-EAD、气相质谱联用仪、制备液相色谱仪、风洞生测技术等多种技术手段，成功鉴

定出了茶尺蠖和灰茶尺蠖的性信息素成分。其中灰茶尺蠖性信息素含有两种组分，顺 3，顺 6，顺 9- 十八碳三烯、顺 3，顺 9-6，7- 环氧十八碳二烯；茶尺蠖性信息素含有 3 种组分，其中两种组分与灰茶尺蠖相同。目前初步明确，茶尺蠖特有的性信息素组分是茶尺蠖和灰茶尺蠖两个近似种求偶通讯种间隔离的化学基础。基于上述结果，研制出了灰茶尺蠖高效性诱芯。全国 11 个地区开展的田间对比实验显示，该诱芯的诱蛾效果是其他 3 种相似商品的 4 ~ 200 多倍。

4. 茶树病虫害绿色防控技术有较大发展

（1）色、光作为物理方法应用于茶树病虫防治

黏虫色板是茶园中常用的害虫无公害防治手段，对茶园主要害虫小绿叶蝉、蓟马、黑刺粉虱等均具有良好的诱杀效果。但长期以来市场上茶园黏虫色板产品无统一的颜色描述方式、颜色多样、无靶标针对性，从而导致各种产品诱杀效果参差不齐。采用 RGB 模式将色板颜色参数化，再通过正交试验筛选出茶小绿叶蝉、蓟马的最佳诱捕色。其中，茶小绿叶蝉、茶棍蓟马（*Dendrothrips minowai*）、茶黄蓟马（*Scirtothrips dorsalis*）的最佳诱捕色为金色（RGB：255，255，0）、黄绿色（RGB：0，255，0）、草坪绿（RGB：124，252，0）。在此基础上，研制出的茶小绿叶蝉、茶棍蓟马数字化黏虫色板的诱杀效果，相较于常规黏虫色板分别提高了 30% ~ 50%、85.01%。数字化色板在全国茶区的应用已超过 1000 万块。

目前，茶园光诱技术普遍采用的是频振式电网型杀虫灯，诱虫光源光谱范围宽，因此大量误杀天敌昆虫，同时电网对叶蝉、粉虱等小型茶园害虫捕杀能力差。依据茶小绿叶蝉、粉虱、尺蠖、毒蛾等茶园常见害虫和瓢虫、寄生蜂、草蛉等茶园优势天敌的趋光光谱特征差异，筛选出对天敌友好的诱虫光源光谱范围。在此基础上，利用 LED 灯发射光谱范围窄的特点，并利用风吸负压装置对叶蝉、粉虱等小型害虫的强捕杀能力，研制出天敌友好型 LED 杀虫灯。在浙江、重庆、安徽、江西、山东等 12 个省份的对比试验显示，相对于频振式电网型杀虫灯，对茶小绿叶蝉诱杀量提高 141%，对茶园主要害虫（除茶小绿叶蝉外）诱杀量提高 87%，对茶园天敌昆虫的诱杀量降低 53%。天敌友好型 LED 杀虫灯实现了茶园害虫诱杀的精准化、高效化，最大限度地降低了对天敌昆虫的误杀，保护了茶园生态环境。

（2）以嗅觉、味觉为基础的茶树害虫化学生态学防治日趋完善

我国已在植物源茶树害虫引诱剂方面进行了十多年的研究。利用虫害诱导茶树挥发物，研发出茶尺蠖、茶丽纹象甲引诱剂的挥发物配方；利用茶树嫩梢、桃树、葡萄等寄主植物挥发物，研发出多种茶小绿叶蝉引诱剂的挥发物配方。虽然这些引诱剂在茶园对目标害虫具有一定的引诱效果，但距离实际应用还有一定的距离。这些配方由 3 ~ 5 种植物挥发性物质组成，主要包括顺 -3- 己烯醇、顺 -3- 己烯醋酸酯等绿叶挥发物，芳樟醇、罗勒烯等萜类化合物，以及苯甲醇、苯甲醛等苯类化合物。研究中发现，某些挥发物配方在室内对茶小绿叶蝉表现出强烈的引诱活性，但在茶园却并不明显。经证实，茶园背景气味

对植物源引诱剂具干扰作用。利用热解析—气质联用仪，建立了一套灵敏度可达 ppb 级的茶园背景气味分析方法。通过该方法发现茶园背景气味中含有叶蝉引诱剂的组分物质，其中，一种茶小绿叶蝉引诱剂的主要成分苯甲醛在茶园背景气味中浓度较高，这显著干扰了该引诱剂在茶园对叶蝉的引诱效果。这一发现为发展茶树害虫植物源引诱剂提供了新思路。

利用化学生态原理，在茶树害虫拒食、驱避方面同样开展了相关研究。小分子化合物顺 -3- 己烯醇外源处理后，茶树体内多酚氧化酶活性可提高近 2 倍，并对茶尺蠖幼虫产生了显著的拒食作用，这为研发茶树诱抗剂提供了可能。茶园间作具驱避活性的薰衣草后，叶蝉和尺蠖发生数量明显降低，仅为对照的 20%，这为构建茶园害虫的“推—拉”防治技术奠定了基础。研究发现，烟碱、印楝、茶皂素等植物次生代谢物，以及罗勒、茴香等植物精油对茶小绿叶蝉、茶尺蠖具有一定的拒食、驱避活性。在此基础上，研制出了“茶蝉净”、“30% 茶皂素水剂”等茶小绿叶蝉植物源农药。它们对茶小绿叶蝉的防效在 70% 左右，其中 30% 茶皂素水剂已在生产上应用。

（3）化学农药在茶树上的减量化和合理化应用取得共识

由于食品安全标准的日益严格，减少化学农药使用已成为茶叶生产的一条准则。化学农药虽然无法被完全取代，但更加强调的是减少化学农药施用的“绿色防控技术”。科技部启动了“十三五”国家重点研发计划项目“茶园化肥农药减施增效技术集成研究与示范”，其目标之一就是到 2020 年茶园化学农药减量施用 25%。陈宗懋等提出应以茶汤中的农药残留水平作为农药安全评价指标和制定茶叶中农药最大残留限量的主要依据，已被 2016 年第 48 届国际食品法典农药残留委员会大会接受。目前，已将农药的水溶解度作为茶园农药选用的重要指标。

（4）建立茶小绿叶蝉监测预警平台

通过对我国四大茶区叶蝉进行的持续系统监测，探明了越冬基数、冬季最低气温和早春平均气温为茶小绿叶蝉的主要灾变因子，并与中国农业大学合作构建了基于 Web 的茶树病虫害监测预警系统平台。该平台由数据管理、专家系统、模型预测、信息发布、地理信息、用户管理、信息查询和系统管理 8 个模块构成，实现了叶蝉监测数据信息分析、传递及预警发布一体化的功能。2013—2016 年，监测预警系统根据广东清源、广西桂林、福建宁德、湖北黄冈、江苏无锡、江西南昌、河南信阳、山东日照、陕西汉中、湖南湘西、云南普洱、四川宜宾、贵州遵义、重庆永川等 14 省（市）的 16 个监测点的系统监测数据和气象资料，发布了不同茶区各年度叶蝉的发生趋势数字预报。与当地实际发生情况验证，近 4 年的平均预测准确率达到 85.3%，具有较高的拟和度。与此同时，对监测数据资料齐全的广东清远、云南普洱、河南信阳、重庆永川、湖北黄冈等 5 个茶区，构建了茶小绿叶蝉发生量和防治适期预测，其准确率达 80%。

二、国内外比较分析

（1）茶树抗病虫品种选育

日本将分子生物学技术运用到抗病虫茶树育种中，分离和克隆出了与抗性有关的基因，把基因型和表现型关联起来，提高了茶树育种的准确性和速度，使得育种周期缩短到10年以下。近年来日本连续育成了抗炭疽病、抗轮斑病和抗桑盾蚧的品种。2011年育成了抗炭疽病绿茶品种冴灯（Saeakari），2014年育成抗炭疽病兼具抗桑盾蚧的品种南茗（Nanmei）。这些品种在日本茶产业中发挥了重要的作用。我国在这方面还缺乏实质性的进展。

（2）绿色防控技术水平

日本在基础研究方面十分注意多学科的融合，同时注意基础研究与应用研究的有机结合，许多基础研究的成果就能够在生产应用中落地生根。如茶小卷叶蛾（*Adoxophyes honmai*）性信息素研究过程中，融合了昆虫生理学、化学合成、剂型制备、微电子学、植物保护、信息科学等多个学科，研制出了价廉物美的茶小卷叶蛾缓释性信息素迷向制剂。该制剂的防治效果与化学农药相当，但成本却比化学防治低。茶小卷叶蛾性迷向剂已替代了化学农药，并在日本茶叶产区广泛应用。此外在研究过程中，日本科研工作者能够从小处着手，深入挖掘有价值的发现，最后解决产业上的大问题。如在研究过程中，发现日本茶园重要害虫桑盾蚧（*Pseudaulacaspis pentagona*），初孵若虫对水非常敏感。科研工作者就提出在卵盛孵期喷施清水防治桑盾蚧。该技术操作简便，成本低廉、效果良好，已在日本全国推行。

我国茶树重大害虫茶小绿叶蝉，以及盲蝽、蓟马等新发生害虫和茶树病害都还缺乏高效的无害化控制手段。借鉴日本的研究方略和经验，有助于我国茶园绿色防控技术研究的发展。

（3）茶叶产品质量安全

随着科技的发展，人类对食品安全的意识不断增强，农药残留和污染物的检验范围日趋扩大，MRL标准日趋严格。欧盟对茶叶中农残限量最为严苛，目前颁布的茶叶中MRL标准已增至1138项，其中以最低检出量作为限量指标的标准已占总量的91%以上。最近欧盟法规（EU 87/2014、2015/2383）将茶叶中啶虫脒、异丙隆等农药的MRL标准由0.1mg/kg降至0.05mg/kg，对来自中国的茶叶中的氟乐灵抽检比例提高到10%。

我国最新颁布的《食品中农药最大残留限量》（GB 2763—2016）规定了50项茶叶中农药MRL标准。但这些农残限量标准尚缺乏与国际标准的协调性。如我国规定茶叶中啶虫脒的MRL为10mg/kg，而欧盟、斯里兰卡分别为0.05mg/kg、0.1mg/kg，比我国严格100 ~ 200倍。但啶虫脒水溶性很强（20℃，4.2g/L），对饮茶者存在巨大的安全风险。2011—2013年对全国3541种茶样的检测结果显示，啶虫咪的检出率为61.1%。粗略计算，我国茶叶中啶虫咪残留量几乎不会超过国家标准，但 50% 以上的茶叶将超欧盟标准。2011—2015 年，啶虫咪在我国茶叶进入欧洲口岸的监测超标名单中一直排在前三位。由此可见，我国茶叶农残限量标准有待完善和改进。

三、发展趋势与展望

（1）建立、完善茶园绿色防控技术体系

从目前国际发展趋势来看，茶园减少化学农药施用已是世界各产茶国的共识。从技术上充实绿色防控内容，针对茶产业的特点减少化学农药的用量，更为重要的是正确选用农药品种以提高茶产品的安全性，这将是“十三五”期间茶叶植保研究的重点。

（2）进一步完善茶园主要病虫害测报预警平台

随着环境和气候的变化，我国茶树有害生物的种类和种群发生了很大变化。随着近年来蓟马、盲蝽猖獗发生。加强对害虫变迁、种群变化以及成灾诱因的研究，及时发出预警和预测，对确保茶产业可持续发展至关重要。①按年度深入剖析茶园主要害虫的发生趋势，并发出预警；②建立不同茶区茶树主要病虫害发生预测模型；③利用专家系统和预测决策系统，借助互联网与系统交互信息，逐步建立动态开放的知识库。

（3）加强茶树抗病虫品种的选育研究

从国际茶叶学科的发展来看，日本、印度、斯里兰卡等主要产茶国都加强了茶树抗病虫品种选育的研究。我国茶树种质资源丰富，具有许多抗病、抗虫能力强的品种，今后应加强这方面的研究，特别是分子生物学技术在茶树抗病虫品种选育中的应用。

参考文献

[1] Qin D，Zhang L，Xiao Q，et al. Clarification of the identity of the tea green leafhopper based on morphological comparison between Chinese and Japanese specimens［J］. PLoS ONE，2015，10（9）：e0139202.

[2] 姜楠，刘淑仙，薛大勇，等. 我国华东地区两种茶尺蛾的形态和分子鉴定［J］. 应用昆虫学报，2014，51（4）：987-1002.

[3] Liu F，Weir BS，Damm U，et al. Unravelling Colletotrichum species associated with Camellia：employing ApMat and GS loci to resolve species in the *C. gloeosporioides* complex［J］. Persoonia，2015，35（1）：63-86.

[4] Wang YC，Hao XY，Wang L，et al. Diverse Colletotrichum species cause anthracnose of tea plants［*Camellia sinensis*（L.）O. Kuntze］in China［J］. Sci Rep-UK，2016，6：35287.

[5] 陈宗懋，彭萍，吴光远. 现代农业产业技术体系茶叶体系病虫害防治研究“十二五”综合考核与验收报告［R］. 2016.

[6] Jin S，Chen ZM，Backus AE，et al. Characterization of EPG waveforms for the tea green leafhopper，*Empoasca vitis* Göthe（Hemiptera：Cicadellidae），on tea plants and their correlation with stylet activities［J］. J Insect Physio，

2012，58（9）：1235-1244.

［7］Zhang ZQ，Bian L，Sun XL，et al. Electrophysiological and behavioural responses of the tea geometrid *Ectropis oblique*（Lepidoptera：Geometridae）to volatiles from a non-host plant，rosemary，*Rosmarinus officinalis*（Lamiaceae）［J］. Pest Manag Sci，2015，71（1）：96-104.

［8］罗宗秀，李兆群，蔡晓明，等. 灰茶尺蛾性信息素的初步研究［J］. 茶叶科学，2016，36（5）：537-543.

［9］罗宗秀，蔡晓明，边磊，等. 茶树害虫性信息素研究与应用进展［J］. 茶叶科学，2016，36（3）：229-236.

［10］Bian L，Yang PX，Yao YJ，et al. Effect of trap color，height，and orientation on the capture of yellow and stick tea thrips（Thysanoptera：Thripidae）and nontarget insects in tea gardens［J］. J Econ Entomol，2016，109（3）：1241-1248.

［11］Bian L，Sun XL，Luo ZX，et al. Design and selection of trap color for capture of the tea leafhopper，*Empoasca vitis*，by orthogonal optimization［J］. Entomol Exp Appl，2014，151（3）：247 - 258.

［12］Sun XL，Li XW，Xin ZJ，et al. Development of synthetic volatile attractant for male *Ectropis obliqua* moths［J］. J Integr Agr，2016，15（7）：1532-1539.

［13］Sun XL，Wang GC，Gao Y，et al. Screening and field evaluation of synthetic volatile blends attractive to adults of the tea weevil，*Myllocerinus aurolineatus*［J］. Chemoecology，2012，22（4）：229-237.

［14］Cai XM，Xu XX，Bian L，et al. Measurement of volatile plant compounds in field ambient air by thermal desorption-gas chromatography-mass spectrometry［J］. Anal and Bioanal Chem，2015，407（30）：9105-9114.

［15］Cai XM，Bian L，Xu XX，et al. Field background odour should be taken into account when formulating a pest attractant based on plant volatiles［J］. Sci Rep-UK，2017，7：41818.

［16］Xin ZJ，Li XW，Li JC，et al. Application of chemical elicitor（Z）-3-hexenol enhances direct and indirect plant defenses against tea geometrid *Ectropis oblique*［J］. BioControl，2016，61（1）：1-12.

［17］Zhang ZQ，Luo ZX，Gao Y，et al. Volatiles from non-host aromatic plants repel tea green leafhopper *Empoasca vitis*［J］. Entomol Exp App，2014，153（2）：156-169.

［18］CCPR. Report of the forty-eighth session of the CODEX committee on pesticide residues［R］，Chongqing：CCPR，2016.

［19］谷口郁也. 病虫害复合抵抗性の早春绿茶用新品种《なんめい》［J］. 茶，2013（1）：20-23.

［20］陈宗懋. 茶树害虫化学生态学［M］. 上海：上海科学技术出版社，2013.

［21］柿园一树，富滨毅. スラリンクラ 散水による クワシロカイガラム第一时代幼虫の防除［J］. 植物防疫，2012，66：287-291.

撰稿人：陈宗懋　彭　萍　蔡晓明

茶叶加工学研究进展

2011 年以来，茶叶加工学以促进茶叶加工省力化、产品优质化为目标，在茶叶加工技术理论、茶叶加工工艺升级、设备研制和新产品开发等方面展开了系统研究，一批新装备、新工艺、新技术研发成功，绿茶、红茶加工自动化控制研究进展显著，黑茶发花技术、茶叶色选技术取得重要突破；茶叶加工基础研究取得较大进展。随着资源紧缺的加剧和消费需求的升级，今后我国茶叶加工学将以解决产业问题、瞄准国际前沿为导向，主攻产品品质定向化、标准化和加工作业智能化、低碳化，完善创新链，整体布局茶叶加工的基础研究、应用研究和技术开发，加强学科交叉和高新技术的应用，推动茶叶加工学快速发展。

一、发展现状和进展

1. 茶叶加工基础研究

茶叶加工基础研究可以为观察茶叶感官风味本质、改善茶叶品质、开发加工新技术以及特色风味茶产品等研究奠定理论基础。近年来，借助分子生物技术、光谱技术及色谱、色谱—质谱联用技术等高端检测分析手段，茶叶加工理论基础研究取得了较大进展。

（1）茶叶物理特性研究

茶叶物理性质包括热特性、力特性、电特性及光特性等，是茶叶加工机械设计、加工工艺参数优化及加工过程中在制品品质评判的重要依据。近年来，茶叶物理特性研究得到重视，尤其在力学、热学、光学特性方面开展了系统研究。在力学特性方面，对红茶萎凋、揉捻以及乌龙茶包揉等工序的在制品的质构特性变化规律开展研究，明确萎凋叶的柔软性、塑性呈先升后降，弹性呈先降后增的变化趋势，光补偿萎凋处理可提升萎凋叶弹性；揉捻叶由形变到塑变的质构特性转折点需揉捻 25 分钟；发现提高乌龙茶包揉叶温，可使得包揉叶的柔软性、弹性、塑性等大幅提升，较小揉力即可得到较大的变形，进而提高生产效率。热物理特性方面的研究集中在交叉学科领域，采用离散元（EDEM）、传热传质和计算流体动力学（CFD）技术对茶叶颗粒在不同加热系统条件下的运动轨迹开展研究，明确了杀青机结构参数对离散场、流场和温度场的影响，以及对杀青叶水分和叶温的影响，进而实现设备结构的优化设计。对在制品进行光学响应效应研究，发现光信号可调控茶鲜叶气孔开合，引起叶内分子振动，萎凋中辅以红色或黄色光质辐照，可提升红茶感官品质，加速鲜叶水分散失；利用光学响应结合化学计量学技术，用于茶叶加工品质适度判别，也能用于茶叶分类及品质分级、产地溯源等，成功率达到 90% 以上。通过对茶叶加工过程中的电特性的初步研究，提出在特征频率下的茶叶介电特性与品种、含水率、嫩度均有较高相关性。共晶点、共熔点是茶叶冷冻干燥技术的关键控制参数，有研究利用绿茶的降温、升温的电阻变化曲线，确定了冷冻干燥中不同等级炒青绿茶的共晶点、共熔点。

（2）茶叶加工化学基础研究

不同茶类加工过程中儿茶素转化途径的研究取得了一定进展，现已证实红茶发酵过程中，儿茶素通过聚合反应形成了具有苯骈卓酚酮结构的儿茶素低聚物，发现了儿茶素氧化的新途径。渥堆是普洱茶、茯砖茶等黑茶品质形成的关键工序，研究发现渥堆后出现了普洱茶素、茯砖茶素等新的儿茶素类衍生物，其中普洱茶中的衍生物包括普洱茶素 A、普洱茶素 B、普洱茶素 I–VIII 以及表儿茶素 –［7,8–bc］–4α–（4– 羟苯基）– 二氢 –2（3H）– 吡喃酮、cinchonain lb 等；茯砖茶中的儿茶素衍生物则包括茯砖素（A–FplancholA），文冠木素（teadenol A）等。结构分析显示普洱茶中的儿茶素衍生物主要是儿茶素 A 环通过碳碳键连接新的基团，而茯砖茶中的衍生物则主要是儿茶素 B 环裂环后的产物，这很可能是源于两种黑茶中不同的微生物优势菌群。

针对红绿茶滋味成分及其呈味特性展开研究，对涩味的主要物质 EGCG、黄酮醇苷等强度特征进行数字化表征，并探索了儿茶素、咖啡碱等苦味物质随浓度的呈味变化规律。借助感官定量评定和数据判别分析等手段，发现夏季绿茶中茶多酚和咖啡碱含量较高，而茶氨酸和其他氨基酸含量偏低，推测这是导致夏季绿茶苦涩味偏重的主要原因。对六大茶类的特异性品质成分展开了系统研究，在红茶、绿茶和乌龙茶中筛选出包含儿茶素、氨基酸、糖、有机酸和黄酮苷类等在内的共 90 种存在显著差异的化合物；研究提出了普洱茶（熟茶）的香气特征物质以杂氧化合物和醇类为主，安化黑茶则以酮类和碳氢化合物为主。

茶叶加工和储藏过程中化学成分的代谢成为加工化学研究的热点。初步探明祁门红茶揉捻过程中，醇类和醛类香气成分大幅增加，而酮类和烷烃类变化不明显；多糖类含量呈下降趋势，单糖含量略有增加；生物碱则基本保持不变。普洱茶渥堆过程中，儿茶素类、黄酮醇类和茶氨酸含量显著下降，黄嘌呤、次黄嘌呤、腺嘌呤、鸟嘌呤、甜菜碱等含量则不断增加。随着储藏年限的增加，普洱茶（生茶）中 EGCG、ECG、EGC、奎宁酸、绿原酸和木麻黄素显著降低，而 GA 显著增加。

2. 茶叶加工技术研究

（1）茶叶初加工

茶叶初加工主要包括摊放、萎凋、杀青、揉捻、做形、发酵、渥堆、做青、干燥、提香等关键工序，不同茶类均通过上述单项工序组合制作而成。2011 年以来，我国茶叶加工在萎凋、杀青、发酵、干燥等关键技术的研究方面取得了显著进展，其中绿茶加工主要针对杀青技术展开了系统研究，红茶加工的研究重点在于发酵技术，黑茶加工的研究重点在于渥堆技术，研究内容集中于能源改进、精准调控、品质优化、连续化作业等。通过研究，关键工序的工艺特性及在制品理化变化规律日益明确，食品高新技术不断被融合，新工艺、新装备涌现，加工技术得到了多层次、多方位的快速发展，实现了由机械化向连续化、自动化的发展，而且智能化加工研究已起步。

1）摊放技术。摊放作为绿茶、黄茶初制的必需工序，已被业界广泛接受。摊放适宜参数进一步被确认，空气处理机组摊青室、多功能设施摊青等装备研制成功并投入生产，摊放环境温度、湿度、通气等参数的精准性以及空间均匀性显著提升，如温度可控制在 ±5℃，使得摊放叶品质的一致性和稳定性得到了保证。

2）萎凋技术。红茶、乌龙茶和白茶加工工艺中均有萎凋工序。针对传统自然萎凋劳动强度大、可控性差等缺陷，开展了调温调湿萎凋技术研究，实现了温度、湿度、光照等环境条件的实时、精准、均匀调控；链板式萎凋、设施复式萎凋等新装置研制成功，基本实现了萎凋的自动化与连续化作业；针对日光萎凋中光质、光强不可控性缺陷，开展了人工控光萎凋技术研究，提出人工光照萎凋、远红外萎凋等调控技术。此外，控气萎凋等新技术也得到深入研究。

3）杀青技术。杀青是绿茶、乌龙茶、黄茶和黑茶加工的关键工序。近年来主要围绕新技术开发、新能源应用和组合杀青等开展研究。新型远红外杀青技术，具有穿透力强，加热均匀等特点，杀青叶色泽绿润，匀齐度好，目前在生产上已有应用。新型能源如电磁加热、生物质燃料等在杀青设备上得到应用，开发出电磁内热杀青机、电磁滚筒—热风联合杀青机等新设备。其中，电磁内热杀青机的热能利用率可达 50% ~ 60%，温度浮动范围可控制在 ±3℃之内。同时开展了组合式杀青的比较研究，其中以远红外—微波、蒸汽—热风、滚筒—热风等品质较优，如蒸汽—热风组合杀青融合了蒸汽杀青穿透力强、耗时短等特点以及热风杀青香高味醇的优势，所制成茶色泽翠绿鲜活、香气高爽、滋味醇厚。

4）揉捻技术。揉捻是茶叶外形塑造和利于冲泡的关键。近年来揉捻技术研究主要集中在揉捻自动化方面。PLC 自动茶叶揉捻机组的控制模块得到优化，机组的协作自动性和连续化程度更佳，且能够实时控制压力、转速、时间等工艺参数，真正达到揉捻的连续自动作业。随着空调揉捻技术的日趋成熟，揉捻叶品质及稳定性得到有效提升。

5）做形技术。实现机械化做形是特色名优绿茶外形塑造研究的突破性进展。扁形茶炒制机从专用单锅式至多锅式，再至多机组融合作业，实现了连续化自动化加工，生产效率不断提升。卷曲形茶的多级连续自动化机组研制成功，实现了加工的自动化和连续化作业。颗粒型乌龙茶做形设备也由速包机、平板包揉机等单机包揉设备，发展成由压揉机和输送带组成的连续化做形生产线。

6）发酵技术。发酵技术研究主要集中在发酵新技术、新设备以及发酵程度判别技术等。增氧发酵等新技术得到深入研究和应用，能加快发酵进程，缩短发酵时间，形成更高含量的茶黄素和茶红素。新型发酵设备如滚筒连续发酵机、发酵塔实现了发酵叶自动翻拌，减轻了劳动强度，并可对环境温度、湿度、通气状况等进行调控，品质稳定性有效提升。此外，新型发酵程度判别技术如电子鼻技术、氧化还原电位技术、电荷耦合器件色泽检测技术等得到深入研究和初步应用。

7）渥堆技术。研究证实茯砖茶渥堆作业的优势菌种为冠突散囊菌，其分离和培养技术也已成熟，人工接种渥堆技术在业界得到广泛应用。普洱茶渥堆专用设备研制成功，解决了传统自然渥堆技术环境参数不可控的问题，渥堆翻堆机基本实现了翻堆工序中的翻堆、铲料、输送、解块等功能，有效降低了劳动强度。此外，渥堆工序的自动检测与控制系统可对作业过程中的温度、湿度、pH 值等参数进行实时采集与存储，并能够根据参数状态实现温湿度、物料翻动的自动控制，有效提升了普洱茶品质的稳定性。

8）做青技术。控温控湿做青技术得到广泛应用，环境参数的调控更为精准。较为系统的温湿光调控技术使得乌龙茶加工摆脱了天气制约，大大提高了生产效率。开展了温湿光做青参数研究，提出了优化技术参数：波长＞520nm 的可见光，环境温度 22 ～ 25℃、相对湿度 70% ～ 80%，做青叶含水率为 65% ～ 68%。

9）干燥和提香技术。远红外干燥技术在生产中得到应用，远红外发射源、发射方式等也不断优化。与传统链板式烘干技术相比，远红外干燥的生产效率可提高 1 ～ 1.5 倍，色泽、口感等感官品质也有改善。开展了低温脉动真空干燥技术在绿茶中的应用研究，该技术融合真空保色、温度促香的特点，干燥效率和感官风味均有一定改善。此外，电磁滚筒热风组合干燥、红外热风耦合干燥等组合式干燥技术研究亦开始起步。提香逐渐成为茶叶加工的必需工序，其对茶样异味挥发、促进优质香气形成作用显著。近年远红外提香技术在生产中得到广泛应用，并陆续研制出多层隧道式远红外提香机、恒温远红外提香机等新型装备。开展了微域调控远红外提香新技术的研究，该技术通过调控提香环境的温湿度参数，在优化香气品质的同时，对色泽和口感也有改善。

（2）茶叶再加工

茶叶再加工主要集中于花茶、紧压茶及超微茶粉等的技术研发。窨制是制作花茶的关键，针对传统窨制工艺工序多、历时长的弊端，进行了拌合窨、隔离窨、高压喷香、机械赋香等窨制技术的研究，并在生产上有所应用。

黑茶紧压茶的加工技术装备取得突破，已研制出连续自动化的黑茶压制生产线，实现渥堆仓温度自动监测、自动翻转和出料，自动计量气蒸、模具自动循环压制技术的应用，使得紧压茶品质得到大幅提高。

超微粉碎是粉茶加工的关键技术。随着粉茶市场需求的扩大，超微粉碎技术成为当前研究热点之一。气流粉碎、冲击式粉碎、球磨粉碎等新技术相继研发成功，目前已能制得平均粒径为 6.56 μm 的高品质超微茶粉，大大拓宽了超微茶粉在其他领域的应用。

（3）茶叶精加工

近年来，茶叶精制加工研究主要集中在色选、匀堆和包装技术的开发。现有色选机已发展到全彩色 CCD（电荷耦合元件），能真实还原毛茶的颜色信息，色选范围广，在一定程度上可实现对白毫和金毫的筛选；色选光源可选用全光谱白色灯管或 LED、激光等，色选模式多元化，可适应不同茶类的分选。

自动拼配匀堆机得到广泛应用，该装备具有配比准确、茶尘少，可连续化作业等特点。此外基于 PLC 控制器的改进型行车式匀堆机，亦可达到较好的匀堆效果，且实现了自动化控制。

茶叶包装设备得到快速发展，实现了自动称量、自动充填、抽真空（充惰性气体）及制袋包装的全过程自动化，称量精准度日益提高（±0.2%），称量速度亦有所提升（40 ~ 55 次 / 分钟）。袋泡茶外观包装由单室袋、双室袋发展到金字塔包形，使茶包易于下沉，茶汁更易渗出，内包装采用可降解型材料，更为绿色环保。

二、国内外比较分析

国外以生产红茶、绿茶为主，其整体的加工技术已达到自动化作业水平。近年国外茶叶科研在绿茶的智能化加工领域取得了一定进展，但红茶研究相对较少。

（1）我国绿茶加工与国际领先水平的差距不断缩小

绿茶生产国有日本、越南、尼泊尔等，其中越南、尼泊尔主要采用我国的加工装备和加工技术进行生产，而日本绿茶生产水平则处于国际领先地位，其蒸青绿茶已实现清洁化、自动化作业，近年借助机器视觉和光谱技术，可完成茶叶生产过程的品质决策和自动控制。比较而言，我国整体的绿茶加工技术亦得到快速发展，尤其在自动化控制领域显著进步，与日本差距不断缩小。

（2）我国工夫红茶加工技术水平快速提升

红茶生产国有印度、斯里兰卡、肯尼亚等，以生产 CTC 红茶为主，已实现自动化作业。与其相比，我国工夫红茶的风味特色鲜明，加工技术难度相对更高。近年国外较少开展红茶加工装备和工艺技术的研究，而国内针对红茶的研究明显增强，新设备、新技术不断涌现，平均每年有 20 余项发明专利问世，较好地促进了红茶加工水平的提升。当前，我国工夫红茶连续化、半连续化加工技术已得到全面推广，关键工序可实现信息化控制。

三、发展趋势与展望

茶叶加工的目的在于满足消费者对茶产品的需要，是获得多元化产品的重要措施和拓展茶产品功能的有效手段。茶叶加工产业的发展必将持续以科技创新为支撑，以市场需求为引领，不断深化基础研究和应用基础研究，通过高新技术的融合与研发，实现产品的品质升级及特色创新，有效提高产品的科技含量和附加值。

1. 发展趋势

（1）茶产品的优质化、定制化

随着社会经济的发展和人们消费理念的不断完善，对产品优质、安全以及个性化的要求必将越来越高。茶产品的优质化、定制化需求不仅需要传统工艺优化、新技术融合等工艺技术上的创新，同时也需要全面了解鲜叶原料的适制性和理化特性，以及产品感官风味的特征物质和内在互作效应。

（2）加工工艺参数的标准化、精准化

工艺参数的标准化和精准化是实现产品品质可控的重要保证。装备的标准化是实现工艺参数标准化的重要前提，然而现有加工装备尚未能达到标准化的作业要求，还需在制作材料筛选、机械原理剖析和作业性能模拟等方面开展深入系统研究；理化特性快速无损检测技术、品质成分衍变控制技术是工艺精准化调控的重要组成，需要通过多学科融合协作创新实现显著突破。

（3）设备的智能化、节能化

随着自然资源的日益紧缺和人力成本的不断提高，采用高效、节能、智能型设备代替人工作业，已成为茶叶加工业发展的必然趋势。传统茶机生产企业因受技术实力、创新理念等的局限，难以单独实现加工设备的提档升级，需要借助食品机械、机电一体、电子信息、物理化学等多学科的融合，通过创新研究在热能转化、信息收集、模拟调控等领域取得突破进展，才能让高端智能加工设备真正实现产业化应用。

2. 学科展望

（1）加强茶叶加工基础研究

基础理论研究和应用基础研究是助推茶叶加工技术创新取得突破的基石，是实现茶产品精准化、定向化加工的保证。今后将更多的依赖代谢组学、蛋白组学、分析化学、品质化学等基础性学科的交叉融合，探索加工过程中茶叶内含成分的衍变轨迹和变化机理，探明工艺技术对不同茶叶内含成分的影响、茶叶内含成分与茶叶感官品质间的关系，为品质精准调控提供理论指导。设备是加工作业的平台和工具，针对茶叶物料特性开展机械设计原理的探索亦将成为今后研究重点之一。

（2）开展加工工艺精准化、省力化研究

随着人力资源紧缺的加剧和劳力成本的不断提升，茶叶的机械化、自动化加工将得到快速发展和广泛应用；信息技术、智能技术在茶叶加工中的应用研究将不断深入，茶叶加工设备逐渐向智能化、无人化作业发展，产品的整体品质进一步提升，加工成本下降，效益提高。食品工程领域的新技术、新理念将深度渗透到茶叶加工产业，促进传统茶叶加工业的升级改造，实现其由传统廉价型向现代高效型的转化。随着智能化作业平台、在线无损检测技术、现代高新加工技术的有效融合，茶叶制作最终将走向产品的柔性设计和品质的精准调控。

（3）开展茶叶加工节能技术研究

随着全球资源的日趋紧张，倡导低碳生活的呼声不断高涨，绿色化、节能化成为今后的必然趋势。茶叶加工过程的能量消耗较大，茶叶加工的节能技术将成为业界研究热点。天然气、电磁内热、生物质燃料等清洁化能源的应用技术不断被完善，并在生产上得到广泛应用，热泵、脉动变频等新型加热技术与茶叶机械的有机融合将得到深入系统研究。

参考文献

[1] 陈红霞. 普洱茶发酵过程的代谢组学研究［D］. 北京：北京化工大学，2013.

[2] Ku K M，Kim J Y，Park H J，et al. Application of metabolomics in the analysis of manufacturing type of Pu-erh tea and composition changes with different post-fermentation year［J］. Journal of Agricultural and Food Chemistry，2010，58：345-352.

[3] Wang W N，Zhang L，Wang S，et al. 8-CN-ethyl-2-pyrrolidinone substituted flavan-3-ols as the marker compounds of Chinese dark teas formed in the post-fermentation process provide significant antioxidative activity［J］. Food Chemistry，2014，152：539-545.

[4] Luo Z M，Du H X，An M Q，et al. Fuzhuanins A and B：the B-ring fission lactones of flavan-3-ols from Fuzhuan brick-tea［J］. Journal of Agricultural and Food Chemistry，2013，61：6982-6990.

[5] Zhu Y F，Chen J J，Ji X M，et al. Changes of major tea polyphenols and production of four new B-ring fission metabolites of catechins from post -fermented Jing-Wei Fu brick tea［J］. Food Chemistry，2015，170：110-117.

[6] Xu W P，Song Q H，Li D X，et al. Discrimination of the production season of Chinese green tea by chemical analysis in combination with supervised pattern recognition［J］. Journal of Agricultural and Food Chemistry，2012，60（28）：7064-7070.

[7] Yang Z Y，Kobayashi E，Katsuno T，et al. Characterisation of volatile and non-volatile metabolites in etiolated leaves of tea（*Camellia sinensis*）plants in the dark［J］. Food Chemistry，2012，135：2268-2276.

[8] Zhang L，Zeng Z D，Ye G Z，et al. Non-targeted metabolomics study for the analysis of chemical compositions in three types of tea by using gas chromatography mass spectrometry and liquid chromatography-mass spectrometry［J］.

Chinese Journal of Chromatography，2014，32（8）：804–816.
[9] 滑金杰，江用文，袁海波，等. 萎凋温度对鲜叶物性及呼吸特性的影响［J］. 中国农学通报,2014,30(18)：291–296.
[10] 袁海波，许勇泉，邓余良，等. 绿茶电磁内热滚筒杀青工艺优化［J］. 农业工程学报，2013，29（1）：250–258.

撰稿人：江用文　张正竹　袁海波　宁井铭　滑金杰　董春旺　李大祥

茶叶深加工研究进展

茶叶深加工是指以茶鲜叶、成品茶、副茶、茶籽、茶花等为原料，采用相应的物理、化学和生物技术生产出含有茶的有效组分或有效成分的新产品的加工过程。茶叶深加工超越茶叶传统冲饮消费模式的束缚，使茶叶的消费形式、结构和途径实现根本性的变革，它不仅通过茶叶产品多样化有效地促进了茶叶消费的增长，而且大幅度地提高了产品的附加值。因此，茶叶深加工是有效解决中低档茶出路、提升茶叶附加值、拓展茶叶应用领域、延伸茶叶产业链的重要途径。我国茶叶深加工产业现已基本形成以茶饮料、功能成分、终端产品为主体的三大体系。茶饮料则以液态茶饮料、浓缩茶汁、固态速溶茶为主体；功能成分体系以茶多酚、儿茶素、茶氨酸、茶黄素、茶多糖、茶皂素、咖啡碱等为主体；终端产品体系则是利用茶叶有效成为原料，研发出具有更高附加值的天然药物、健康食品、茶饮料、个人护理品、植物农药、动物保健品等功能性终端产品。2016 年，我国茶叶深加工领域利用 15 万多吨的茶叶原料，创造了 1200 多亿元的产业规模，占我国茶叶产业综合规模的 1/3 以上，取得了显著的经济效益和社会效益，且存在巨大的产业发展潜力。

一、发展现状和进展

1. 茶饮料加工技术

（1）固态茶饮料

1）速溶茶的品质提升技术。近两年在加工过程中的香气变化、提升风味品质的新技术、茶汤体系稳定性和使用方便性等开展相关技术研究。提取、浓缩是传统速溶茶加工过程中导致香气化合物损失的主要工序，多次受热导致的大量香气化合物挥发损失及其氧化、聚合、缩合、基团转移导致的结构及组成变化是其中的主要原因。在速溶茶制备技术方面，研究探索了高压脉冲电场和冷冻浓缩等技术的先进性与可行性，研究提出了速溶茶萃取新装置、速溶茶用酶解新工艺、速溶茶专用RO膜、新型冷冻干燥装置、连续真空冷冻干燥方法和低温喷雾干燥塔等一些新技术、新方法和新装置，为速溶茶风味品质提升奠定了更好的技术基础。建立了中空颗粒速溶茶加工新技术，利用茶浓缩汁的起泡性，设计了特殊的均质雾化技术与装置，在不添加任何赋形剂的情况下一次性喷雾形成流动性好、溶解性好、抗潮性好的中空颗粒型速溶茶，有效突破了传统速溶茶生产和消费中的技术瓶颈，促进了速溶茶的大众化消费。另外，速溶茶加工过程中常因茶乳酪的形成而导致产品浑浊以及茶汤色泽变暗等问题，利用氧气氧化及磷酸盐的稳定作用，提出了一种以绿茶为原料加工出汤色明亮速溶红茶的新方法。此外，为提高速溶茶产品的使用方便性和应用性，通过亲水聚合物对速溶绿茶粉表面进行修饰，减少颗粒间的黏附力，有效提高了速溶茶粉的流动性和分散性。

2）功能型速溶茶提制技术。产品消费的多样性需求一直助推着新型速溶茶产品及其加工新技术的研究与开发。近两年来，通过特种茶叶原料制备或与其他植物复配、强化，创新速溶茶加工技术方法与路径，研发出降压抗衰老速溶茶、安眠益生速溶茶、低氟速溶茶、低咖啡碱速溶茶以及解酒速溶茶等一批功能性速溶茶新产品。提出了降压功能速溶茶加工技术、降氟速溶茶加工技术、速溶茶砷铅等重金属去除方法以及微生物发酵等新技术和新方法。其中，通过微生物发酵技术改善速溶茶风味及功能方面的研究受到了广泛关注。通过酵母发酵获得多种风味独特的速溶茶粉：以绿茶和白茶为原料制备得到的茶粉具有粽叶风味，以红茶和普洱茶为原料制备得到的茶粉具有话梅口感和风味，以乌龙茶为原料制备得到的茶粉具有浓郁的红枣风味，以铁观音为原料制备得到的茶粉具有桂圆口感和风味。通过冠突散囊菌液态发酵制备的速溶黑茶，不仅比传统生产的商品速溶黑茶在香气和色泽上更佳，而且具有益生、降脂减肥等功能。

（2）液态茶饮料

1）在茶饮料风味品质化学基础及其调控技术方面取得一定进展。货架期香味劣变是纯味液态茶饮料产品急需解决的难题，近年相关基础研究有了一些新进展。研究表明，低糖型绿茶饮料的香气总量远高于无糖型，β－大马烯酮、β－紫罗酮、芳樟醇、大马酮、癸醛和柠檬烯被认为是绿茶饮料香气的主要贡献成分，其中花香、清香、果香及甜香与反－氧化芳樟醇、顺–3–乙烯醇和β－环柠檬烯、β－紫罗酮及β－大马烯酮具有显著相关性，贮藏过程中香气物质明显受茶汤儿茶素等滋味物质变化的影响。儿茶素EGCG、咖啡碱和谷氨酸是绿茶饮料主要的苦味、涩感、鲜味成分，而儿茶素构成及含量与茶汤的回甘滋味有明显的相关性。采用单宁酶处理调控绿茶汁的儿茶素组成，不仅可以有效降低绿茶汁的苦涩味强度，而且随着非酯型儿茶素含量的升高茶汁回甘滋味增强，有效提高茶汁整体滋味品质。近年来，酶解技术已开始广泛应用在茶饮料、茶浓缩汁等产品研发中，其中单宁酶用于降低茶汁苦涩味，细胞壁水解酶（纤维素酶和果胶酶）用于提高茶汁浓度，风味蛋白酶用于提高茶汁鲜味，复合多糖酶用于提高茶汁浓度和改善茶汁整体滋味品质。

2）茶汤沉淀一直是茶饮料加工中面临的主要技术难题之一。以前多采用物理去除或化学转溶的方法去除或抑制沉淀的形成，茶叶有效成分损失大，产品外观颜色或内在品质劣变明显。近年来研究认为，茶饮料沉淀包括加热可溶的可逆沉淀和加热不可溶的不可逆沉淀，其中先期形成的可逆沉淀是茶饮料沉淀的主体部分（$>90\%$），茶多酚、咖啡碱和糖类是可逆沉淀的主体成分，而有机酸盐和金属离子等是不可逆沉淀的主体成分，因此，提出了茶汤分级沉淀理论。研究还认为茶多酚、咖啡碱和蛋白质是绿茶饮料沉淀形成的重要因子，在一定浓度茶多酚条件下添加咖啡碱和蛋白质容易促进沉淀形成。在此基础上，研究还发现糖类物质容易与儿茶素及咖啡碱竞争络合、抑制儿茶素特别是酯型儿茶素参与沉淀的形成，通过添加糖类物质可以有效提高茶浓缩汁体系的稳定性；同时，通过单宁酶水解降低酯型儿茶素的含量也可以有效减少茶浓缩汁沉淀的形成。

3）创制了一批功能性茶饮料新产品及其加工技术。近两年来，随着茶饮料市场供给侧改革和产品转型的需要，复合型茶饮料、高品质纯茶饮料及发酵型功能茶饮料成为研究的热点，开发出一批风格新颖的功能茶饮料产品，并集成提出了一些新的制备技术，如牡丹花茶饮料、槟榔花茶饮料、燕麦茶饮料、芦笋茶饮料、玛咖复合保健茶饮料、木槿花茶饮料、陈皮普洱茶饮料等风味和功能独特的复合型茶饮料。在高品质纯茶饮料制备技术方面有了新的进展，如茶叶风味物质分段制备与合成调配法，通过减压蒸馏法和超临界 CO_2 萃取法获得茶芳香提取物，然后再将茶浸提液与茶叶香气提取物调配加工成纯茶饮料。近年微生物发酵型茶饮料成为关注的热点，已开发出新型的红茶菌饮料、乳酸菌发酵茶饮料等发酵型产品。

2. 茶叶功能成分提制技术

（1）茶多酚、儿茶素

茶多酚、儿茶素提取分离及其单体制备技术一直是茶叶深加工领域的研究重点。近年来，酶工程、超声波与微波辅助提取、超高压提取、超临界 CO_2 萃取和亚临界提取等系列新技术的组合应用，使茶叶原料的提取效率倍增，茶多酚粗提物含量高且基本无有机溶剂残留。反渗透浓缩、旋转薄膜浓缩、刮板薄膜成形技术和低负压蒸发技术的应用使茶叶活性成分在浓缩过程中免受高温破坏，大大降低了茶多酚氧化与儿茶素热异构化程度，保持EGCG 等活性物质稳定。

由于产品安全性能和环境友好的要求不断提高，传统溶剂萃取法和离子沉淀法逐步被取代，柱色谱分离技术成为儿茶素绿色制备的主要新工艺，柱色谱工艺制备的脱咖啡碱高纯儿茶素成为国内外天然药物、保健食品与功能饮料的主体原料。除传统的聚酰胺、大孔吸附树脂等合成高分子吸附质外，木质纤维树脂、壳聚糖树脂、竹叶纤维等一批新型天然分离介质也已应用于茶多酚的吸附分离中，构建完全意义上的茶多酚绿色高效分离纯化体系成为可能。吸附树脂分离技术、膜分离技术与酶工程技术的组合应用，可以有效制备出各种特殊的儿茶素制品（如高酯化比儿茶素、低苦涩味儿茶素等），充分满足国际市场的差异化需求。

儿茶素单体制备方面，凝胶色谱、中低压制备色谱和高速逆流色谱技术的分离效果好，一次性分离单体化合物个数多但分离产量过低，主要限于实验室与中试规模应用。近年来，模拟移动床色谱、大容量三柱串联型高速逆流色谱仪等由多根色谱柱或类似色谱柱的固定床层串联，从而实现混合物的连续进样和分离，制备效率显著提高。大孔树脂柱色谱分离制备 EGCG 单体技术获得了重大突破，由原来实验室的千克级规模跨越到工业化的吨级规模生产，且制备成本大幅下降，为以 EGCG 单体为 API 的天然药物研发奠定了技术基础与物质基础。同时，EGC、ECG 和 EC 等单体的产业化制备技术也已成功应用于产业化。

（2）茶氨酸

1）茶叶提取天然茶氨酸。其主要包括离子沉淀法、离子交换吸附法和膜分离法。从儿茶素提制工艺过程的水洗脱液或低浓度酒精洗脱液中分离纯化 L- 茶氨酸，往往包含有上述至少一种以上工艺组合。

2）生物酶合成茶氨酸。先后利用茶叶、枯草芽孢杆菌与硝基还原假单孢菌等不同微生物或者混合微生物的不同酶类进行茶氨酸生物合成研究，在茶氨酸合成酶、γ - 谷氨酰甲胺合成酶、谷氨酰胺酶和 γ - 谷氨酰转肽酶等 4 种酶类的生物合成中取得了新进展。

3）化学合成茶氨酸。由于化学合成茶氨酸时需要高温、高压及化学催化剂等条件，使化学合成茶氨酸研究有所降温。为了降低反应压力，使反应条件更加温和，有研究以 L- 焦谷氨酸与无水乙胺为原料、采用含有 BHT 与维生素 C 复合氧化剂为助剂化学合成 L- 茶氨酸。此外，为了解决化学合成造成 DL- 消旋体的问题，有研究先采用化学方法制备中间产物（如谷氨酰胺的二价金属离子配合物、L- 谷氨酸 γ - 烷基酯等），然后再进行生物酶拆分，从而获得化学合成的 L- 茶氨酸。

（3）茶黄素

茶黄素的制备分离是近年茶叶深加工领域兴起的又一研究热点。由于以红茶为原料提制茶黄素成本高，儿茶素酶促氧化制备茶黄素成为发展方向。采用梨、茄子多酚氧化酶（PPO）、Denilite IIS 真菌漆酶双酶催化合成茶黄素，采用牛蒡根 PPO 氧化 EGCG3"Me 合成甲基化茶黄素（TF3MeG 和 TF3MeG3’G），均取得了有价值的进展。在茶黄素的酶促氧化制备技术参数优化、半制备 HPLC 或中压制备液相色谱、逆流色谱技术分离纯化 4 种茶黄素单体 TF、TF-3-G、TF-3’-G、TFDG 方面均取得了良好的进展。

（4）茶多糖

茶多糖即茶叶复合多糖，是一类与蛋白质结合在一起的酸性多糖或酸性糖蛋白。茶多糖的提取方法有水提醇沉法、水浸提法、微波提取法、超声波提取法等。研究表明，采取超声波与微波相结合提取，能获得较高的茶多糖得率。茶多糖的分离纯化与结构一直是研究的难点，近年来采用离子交换柱 DEAE Sepharose CL-6B 分离纯化多糖获得了分子量分别为 20760，24230，250643 的均一多糖 TPS-1，TPS-2 和 TPS-3 及两个分子量分别为 689113 和 4150 的非均一多糖 TPS-4。采用 DEAE-Sepharose 快速流动凝胶柱分离纯化出了 Se-TPS1，Se-TPS2 和 Se-TPS3 三种多糖组分，其中 Se-TPS1 和 Se-TPS2 的分子量分别为 1.1×10^5 Da 和 2.4×10^5Da，Se-TPS3 是具有分子量为 9.2×10^5Da 和 2.5×10^5Da 的两个峰的多糖聚合物。茶多糖糖链庞大，其结构与其生物活性的关系需要进一步研究。

（5）茶皂素

近年来，大孔吸附树脂分离技术、膜分离技术、沉淀分离技术和萃取分离技术的应用，有效地提高了茶皂素的分离纯度、效率和产品安全性。其中，大孔吸附树脂 DM-2 型、DM-130 型、HPD-100 型、D4020 型、AB-8 型等均被用于茶皂素的分离，产品纯度均可达 80% 以上。膜分离 - 大孔树脂联用、双水相萃取 - 沉淀释放联用等技术组合也成功应用于高纯度茶皂素的纯化中。

3. 茶树花研究

茶树花含有多种营养成分，包括儿茶素类、儿茶素衍生物（儿茶素糖苷和儿茶素二聚体）、黄酮苷类（山奈酚、毛地黄酮、槲皮素单糖苷及双糖苷）、皂素（20 多种齐墩果烷型三萜皂苷）、多糖（含量 20% ~ 25%，由葡萄糖、木糖、鼠李糖、半乳糖组成）、维生素、精油、氨基酸、蛋白质、茶花皂素等，但其咖啡碱含量较低。茶花的抗氧化活性较高，EGCG 与 ECG 是茶花中主要抗氧化成分。茶花精油的抗氧化活性比迷迭香精油高，比天竺葵、薰衣草精油和 BHA 低。急性毒性、致畸毒性和亚慢性毒性试验表明，茶树花是一种安全的天然资源，已被国家批准为新资源食品。我国可年产茶树花 300 多万吨，可充分利用这一资源提高茶叶附加值和产业效益。

4. 茶食品与含茶健康产品研制

（1）茶食品

茶食品，是指茶叶加工成超细微茶粉、茶汁、速溶茶粉、茶功能成分后，再与其他原料共同加工而成的含茶食品，具有天然、绿色、健康的特点。国内茶食品的开发越来越多，品种越来越丰富。目前，用于茶食品加工的深加工制品主要有超微茶粉（包括抹茶）、速溶茶、茶浓缩液、茶功能成分，应用范围涵盖了糖果、饮料、烘焙、米面、食用油、炒货、肉制品等。

近年来，添加一定比例的茶多酚或茶提取物研发的茶糖果主要有清口茶爽含片、吴裕泰无糖茶爽含片、新尚绿茶提取物片、大茗堂茶健宁、茗健压片糖果、清嘴含片、抹茶巧克力、安吉白茶无糖含片等。目前，含茶烘焙类食品种类丰富，主要有饼干、面包、蛋糕、蛋卷、月饼等。茶在米面食品中应用开发了茶面条、茶粽子等，具有一定的抗氧化作用和抗回生作用。

茶籽油因含有较高比例的不饱和脂肪酸，已逐步发展成为健康木本油料的新成员，且在我国已被列为新资源食品。此外，儿茶素的结构修饰和茶多酚的改性研究取得了新的进展，越来越多的油溶性茶多酚应用于食用油中（包括植物油、动物油）起到抗氧化、保持货架期品质的作用。同时，将茶多酚等有效成分添加于肉制品，通过其抗氧化、凝胶改性作用，可有效改善肉制品风味，具有护色、抗菌等效果。

茶酒的成功研制是茶叶资源跨界应用的新亮点。目前，以茶叶为原料经发酵酿制出来的茶酒有：安吉白茶酒宝石蓝 42 度、星湖茶酒、铁观音茶酒、邵氏茶酒、茶缘钧客酒等。

（2）茶保健食品或特殊医学用途配方食品

茶保健食品适宜于特定人群食用，具有调节机体功能，不以治疗疾病为目的，并且对人体不产生任何急性、亚急性或者慢性危害的具有特定保健功能的食品。茶及茶功能性成分的保健功效已有大量的研究报道，涉及包括流行病学、体外试验、动物实验及人体临床。基于茶叶功能成分的保健应用价值，含茶保健食品开发亦水到渠成，发展势头比较迅猛。

目前，茶保健食品中茶成分的添加形式主要分为茶叶、茶叶提取物、茶叶功能成分（包括 EGCG、茶氨酸、茶多酚、茶色素、茶黄素等）。这些添加形式中，国产茶保健食品原料采用绿茶、绿茶提取物、茶多酚、EGCG 和茶氨酸的比较多。近年来，以茶叶提取物为原料的保健食品数量逐年上升，含茶保健食品的原料已由茶叶（茶粉）转向茶叶提取物和茶叶功能成分，EGCG 和茶氨酸已经被列为食品新资源。

保健功效方面，已批准注册的茶保健食品中，具有单一保健功能产品占多数。国家食品药品监督管理总局公布的 27 项保健功能中，已批准注册茶保健食品的功能涉及 18 项，其中占比最大的前 5 项为：辅助降血脂、减肥、增强免疫力、通便以及缓解体力疲劳；其余的功能还有：对化学性肝损伤有辅助保护功能、辅助降血糖、辅助降血压、抗氧化、清咽、对辐射危害有辅助保护功能、祛黄褐斑、提高缺氧耐受力、增加骨密度、调节肠道菌群、辅助改善记忆、对胃黏膜有辅助保护功能以及去痤疮等。

（3）茶个人护理品

基于茶及茶功能性成分具有抗氧化、抗菌、保湿、抗辐射等功效，近年来，含茶的个人护理品研发成为热门，已经面市的产品品类日趋丰富。目前，茶个人护理品所采用的茶成分有：茶多酚、茶皂素、绿茶提取物、红茶提取物、白茶提取物、黑茶提取物、普洱茶提取物及超微茶粉等，以绿茶提取物的应用最多。茶个人护理品中的茶成分添加量一般占产品所有原料的比例较小（1% ~ 5%）。

现已开发的茶个人护理品主要有：口腔护理用品、洗浴用品、洗发用品、洗手用品、美妆品、卫生用品等。茶口腔护理用品有含茶牙膏、含茶漱口水、含茶口腔喷雾，如黑人牙膏茶倍健、绿茶精华漱口水、清爽绿茶口腔喷雾；茶洗浴用品有含茶沐浴露（乳）、含茶沐浴盐、含茶香皂等，如绿茶精萃保湿身体沐浴露、沐浴盐膏（茶盐浴）、白茶滋养香皂；茶洗发用品包括含茶洗发露、含茶护发素等，如绿茶清爽去屑洗发露、天然绿茶清爽镇定护理护发素；茶洗手液，如绿茶竹盐洗手液（含绿茶提取物），清爽洗手液（含绿茶成分），泡沫抗菌白茶香型洗手液等；含茶美妆品占茶个人护理品的比例较大，类型非常丰富，包括面膜、洁面皂、护手霜、洗颜霜、眼部修补霜等针对不同身体部位的，柔肤水、卸妆膏（油）、祛痘修护乳、美白霜、保湿霜、磨砂膏、脱毛膏等不同功能的个人护理品。茶的卫生用品中，主要有茶湿巾或茶面巾纸、茶护垫、卫生巾、纸尿裤、拉拉裤等。如茶湿巾（含绿茶提取液）、绿茶淡香成人湿巾、茶语湿纸巾（含茶多酚）等产品在市面上很受消费者欢迎。

（4）含茶畜禽饲料

近年来，我国畜禽、水产养殖规模不断扩大，消费结构、食品安全评价升级，对畜禽相关的管理要求更高，对兽用饲料的创新和发展也提出了更高的要求。兽用健康制品包括兽用功能饲料和免疫制品，前者主要是添加某种功能因子的动物饲料，后者是用于预防、治疗、诊断特定传染病或其他有关疾病。含茶的畜禽健康制品主要是利用茶的成分包括茶叶渣（含丰富的蛋白）、茶籽粕、茶树花、茶提取物、茶多酚、茶氨酸、茶皂素等开发具有特定功能的兽用饲料。这些茶叶成分一方面可以提供营养元素，另一方面具有一定的生理功效，如提高机体免疫、促进生长、改善肉质、抗菌、改善饲料转化率等。目前，研发的茶兽用健康产品主要有：在原料中添加茶多酚，开发出提高鲫鱼抗应激能力的复合饲料添加剂；在原料中添加 1% ~ 2% 的茶多酚的蟹类饲料；原料中添加茶多酚改善肉质和促进生长的育肥猪用生物饲料添加剂；原料中添加 1% ~ 5% 的茶多酚开发牛用抗霉菌毒素的饲料添加剂；原料中添加一定比例 L– 茶氨酸，开发改善仔猪睡眠、增强免疫、促进生长的饲料添加剂；开发含茶皂素、烷基糖苷和黄腐酸的表面活性剂，用于海参养殖；在原料中添加 5% ~ 20% 的茶皂素开发的蜂药。

二、国内外比较分析

（1）茶饮料

国际上，日本、美国是液态茶饮料和固态速溶茶制造的先进国家，特别是日本，茶饮料加工技术的研究深入且系统，产品开发较早，绝大部分产品都是无糖型或针对不同人群的功能型产品，而欧美国家茶饮料则是以花果味或低糖型为主。我国台湾地区的茶饮料研发状况基本类似于日本，大部分茶饮料也是以无糖或低糖为主，加工技术较为先进。

中国的茶饮料产业是伴随着改革开放而发展起来的，深受日本、美国等国家和地区的影响。通过 20 多年的快速发展，我国茶饮料已发展成为年产 1500 万吨左右、产值近千亿的大产业。最近几年，我国茶饮料产业已从数量增长走向质量提升，开始向低糖和无糖方向发展，针对儿童等不同人群的茶饮料产品也逐渐出现，产品的供给侧改革和技术的转型升级趋势明显。与茶饮料制造先进国家相比，我国茶饮料相关基础研究的深度和系统性仍不足，产品开发种类和水平存在一定差距，加工技术仍有待提高。

国际上，茶叶主产国印度、斯里兰卡、肯尼亚，非产茶国美国、德国、英国、意大利都是速溶茶的主产国，主要生产速溶红茶，近年来也有少量速溶绿茶生产。这些国家的速溶茶生产技术主要源于美国、德国、英国等发达国家，在提高速溶红茶的溶解性（尤其是冷溶性）和香气回收方面的研究成果曾广泛应用于工业化生产中。但是，采用酸碱中和的化学法消除速溶红茶冷后浑的技术，与当下天然、绿色、安全、环保的食品质量安全理念不太协调。因此，近些年来，我国研究构建了以低温逆流萃取、超临界萃取、膜过滤、膜浓缩、冷冻干燥、中空微粒喷雾干燥等新技术组合的现代速溶茶提制技术体系，有效提升了速溶茶的溶解性、流动性、抗潮性及香气、滋味品质，速溶茶加工技术处于国际一流水平。但是，在速溶茶提制过程中的香气回收与增香技术还有较大的提升空间。

（2）茶叶功能成分

中国和日本在茶多酚、儿茶素提取分离纯化及单体制备技术的研究处于世界领先地位，国际市场 90% 以上的茶多酚及 EGCG 单体由中国和日本的制造商生产供应。韩国、印度等国主要应用传统溶剂法提制茶多酚用于功能活性研究，产业规模很小。

茶氨酸制备主要集中在中国与日本。我国率先从儿茶素提制时水相废液中分离纯化天然 L- 茶氨酸，并成为国际市场上天然 L- 茶氨酸的核心生产国。日本太阳化学株式会社以微生物酶促合成 L- 茶氨酸，成为该类 L- 茶氨酸的全球唯一制造商。此外，我国还成功研发了化学合成茶氨酸技术，由于生产成本低廉而广泛应用于健康产品领域。

中国在茶黄素的提取、酶促合成、分离纯化等技术领域的研究处于国际先进水平，相关技术的成熟度和产业化程度已领先其他国家。日本在甲基化茶黄素的合成、肯尼亚在茶黄素单体的高速逆流色谱分离技术研究方面也有一些创新性研究成果。茶皂素的提取分离新技术研究也多为国内学者。

（3）茶食品与含茶健康产品

目前国内茶食品的种类不断丰富，但与日本相比还有一定的差距。国内消费者对茶糖果、茶饮料以及茶烘焙食品的接受度相对较高，对其他类型的茶食品的接受度还不够，这与我国茶食品的研究深度、技术水平离消费者对产品品质、产品花色的要求还有距离。日本具有较好的食品工业体系，在茶食品的配方、功能、口感、风味等方面做了大量的研究，产品的品质风味、安全性、健康功效符合消费群体的诉求。

但我国茶保健食品研发与生产不尽如人意，尽管有一些研发产品获得了国家食品药品监督局的批文，但是产业化比例和规模偏小。美国、加拿大、日本、德国、意大利、法国、澳大利亚等国以茶叶提取物（主要为绿茶提取物）、茶氨酸、茶黄素为主要原料制成的健康食品（或膳食补充剂）近百种，产品形态多种多样，有胶囊型、片剂型、口服液、颗粒剂、糖果型等。茶个人护理品方面，国内外均具有丰富的产品。我国凭借资源优势，开发出了以茶叶提取物、茶树花提取物、超微茶粉、功能成分（茶多酚、茶黄素、茶皂素等）为原料制成系列个人护理品，成为现代年轻人的新时尚。

含茶畜禽饲料方面，国内外均做了不少的研究。目前，主要是作为饲料添加剂得到一定程度的应用，但还缺乏产业化规模，相对较成熟的是作为鸡饲料或猪饲料，用于提高动物的免疫力、降低胆固醇。相关产品的适口性、稳定性、安全性、功效发挥程度还有待于研究提升。

三、发展趋势与展望

茶叶深加工是提高夏秋茶资源利用率与茶业效益、维持产销平衡的重要途径，茶叶深加工的理论技术研究与新产品开发将成为行业发展的热点。

（1）茶饮料

随着经济社会的发展和人们生活水平的不断提高，我国饮料产品消费正逐渐走向健康化、个性化和功能化。这一趋势将不断推动着茶饮料供给侧做出重大结构性调整，由调味型向纯味型，香精香料调制向天然原料调配，高糖型向低糖、无糖型等方向转变将成为茶饮料发展的必然。为此，饮料行业对茶饮料加工技术创新提出了更为迫切的需求。①高保真制造与保鲜技术，茶叶天然营养和风味品质极易劣变，高品质纯味茶产品需要高保真制造技术和保存技术的支撑；②天然化配制技术，改变香精香料等食品添加剂的调制方式，积极应用酶分解、微生物发酵等风味调控和修饰新技术，开发出基于茶叶和天然植物、水果等自然配料的多元化、天然化调制产品；③功能化制造技术，积极挖掘茶叶新功能，采用功能强化与利用新技术，创制出功能型茶饮料产品。

（2）茶叶提取物

茶叶成分的提制技术将由过去单一追求产品纯度，发展到全面考虑纯度、安全性、消耗、效率、效益等综合质量指标体系。绿色提制工艺（绿色提取溶剂、安全分离介质等）、高效节能装备、高效分离技术、多成分综合高效提制技术、茶提取物的农药残留高效去除技术将成为研发重点。随着饮茶发展成为健康时尚的生活方式，具有方便、时尚、安全、健康特点的速溶茶已成为年轻群体、职场精英的消费趋向，且对速溶茶的质量要求越来越高。因此，风味高保真、冷溶冰溶、高抗潮性是速溶茶提制技术需要持续创新的重点。

（3）茶食品与含茶健康产品

随着茶领域的科技创新力度不断加大，从机理、工艺等层面对茶及功能性成分的认知不断深入，优化提取工艺，并经过结构修饰、状态转化、配伍平衡等处理，将创制更加丰富的茶食品和茶保健食品种类。充分利用不同类型的茶食品原料（叶、花、果及其提取物），开发适合不同年龄及不同生理特点消费者的专用化、个性化产品，相关的市场空间将不断扩大。由于食品质量安全要求日趋严格，茶兽用健康制品研究也将不断获得突破，适口性、适用性、安全性将不断提高。通过跨学科、跨领域的技术协同攻关，茶及功能成分在医药、保健品、护理品、纺织印染、空气净化等领域也会有越来越多的新产品进入市场。

参考文献

[1] 刘仲华. 经济发展方式转变与自主创新——第十二届中国科学技术协会年会论文集：中国茶叶深加工的技术与产品创新［M/CD］. 北京：清华同方光盘电子出版社，2010.

[2] 陈锦权，李彦杰，孙沈鲁，等. 高压脉冲电场结合冷冻浓缩生产浓缩绿茶汤工艺优化［J］. 农业工程学报，2014，32（2）：260-268.

[3] 徐中明，王宪达. 用于速溶茶制造的 RO 膜［P］. 中国专利：ZL204670298U. 2015-09-30.

[4] 陈建新，尹军峰，许勇泉，等. 一种采用连续式真空冷冻干燥速溶茶粉的方法［P］. 中国专利：ZL106173027A. 2016-12-07.

[5] 刘仲华，龚雨顺，陈庆余，等. 一种不含添加剂的速溶茶颗粒制备方法［P］. 中国专利：ZL201410064401.3. 2014-06-11.

[6] Sakurai Y，Mise R，Kimura SI，et al. Novel method for improving the water dispersibility and flowability of fine green tea powder using a fluidized bed granulator［J］. Journal of food engneering. 2017，206：118-124.

[7] 陈来荫，吴庆山，岳鹏翔. 一种降低速溶茶中砷、铅等重金属离子含量的方法［P］. 中国专利：ZL104642614A. 2015-05-27.

[8] Lu H，Yue P，Wang Y，et al. Optimization of Submerged Fermentation Parameters for Instant Dark Tea Production by Eurotium cristatum［J］. Journal of Food Processing & Preservation，2016，40（5）：1134-1144.

[9] 马梦君，常睿，罗理勇，等. 花香绿茶饮料的生化成分变化及物性特征［J］. 食品科学，2015，36（6）：109-113.

[10] Yu P，Yeo SL，Low MY，et al. Identifying key non-volatile compounds in ready-to-drink green tea and their impact on taste profile［J］. Food Chemistry，2014，155（2）：9-16.

[11] Ying Na Z，Jun Feng Y，Jian Xin C，et al. Improving the sweet aftertaste of green tea infusion with tannase［J］. Food Chemistry，2016，192：470-476.

[12] Xu YQ，Hu XF，Tang P，et al. The major factors influencing the formation of sediments in reconstituted green tea infusion［J］. Food Chemistry，2015，172：831-835.

[13] Xu YQ，Hu XF，Zou C，et al. Effect of saccharides on sediment formation in green tea concentrate［J］. LWT - Food Science and Technology，2017，78：352-360.

[14] 许勇泉，胡雄飞，陈建新，等. 基于单宁酶处理的绿茶茶汤沉淀复溶与回收利用研究［J］. 茶叶科学，2015（6）：589-595.

[15] 周绍迁，郭洪涛，郭振忠，等. 醇香酶解绿茶浓缩液工艺研究［J］. 饮料工业，2012，15（8）：6-12.

[16] Xi J，Xue Y，Xu Y，et al. Artificial neural network modeling and optimization of ultrahigh pressure extraction of green tea polyphenols［J］. Food Chem，2013，141（1）：320-326.

[17] Ko MJ，Cheigh CI，Chung MS. Optimization of Subcritical Water Extraction of Flavanols from Green Tea Leaves［J］. J Agr Food Chem，2014，62（28）：6828-6833.

[18] 罗赛，龚正礼. 聚酰胺吸附法制备高 EGCG 儿茶素［J］. 西南师范大学学报：自然科学版，2016，41（4）：96-100.

[19] 张有发，王普. 大孔吸附树脂富集茶多酚中低苦涩味儿茶素［J］. 食品与发酵工业，2010，36（7）：193-196.

[20] Wang L，Gong LH，Chen CJ，et al. Column-chromatographic extraction and separation of polyphenols，caffeine and theanine from green tea.［J］. Food Chemistry，2012，131（4）：1539-1545.

[21] Liu YF, Bai QQ, Liu Y, et al. Simultaneous purification of tea polyphenols and caffeine from discarded green tea by macroporous adsorption resins [J]. Eur Food Res Technol, 2014, 238 (1): 59–69.

[22] Wang WT, Ma CY, Chen SW, et al. Preparative Purification of Epigallocatechin–3–gallate (EGCG) from Tea Polyphenols by Adsorption Column Chromatography [J]. Chromatographia, 2014, 77 (23/24): 1643–1652.

[23] 张星海，王岳飞，邬新荣，等. 木质纤维树脂分离提纯儿茶素的中试工艺研究 [C] // 中国科学技术协会. 经济发展方式转变与自主创新——第十二届中国科学技术协会年会论文集. 福州，2010.

[24] 张文博，陈盛，夏启华，等. 胺基化壳聚糖树脂吸附分离茶多酚的研究 [J]. 广州化学，2010，35 (1)：22–27.

[25] 朱兴一，刘晓平，谢捷，等. 竹叶纤维吸附法制备茶多酚的研究 [J]. 浙江工业大学学报，2013，41 (6)：605–609，613.

[26] 侯晨晔. 超滤膜—树脂吸附法分离制备茶多酚的工艺研究 [D]. 合肥：合肥工业大学，2013.

[27] 林丹，李春苗，鲜殊，等. 中压制备液相色谱快速分离制备儿茶素单体 [J]. 天然产物研究与开发，2013，25 (1)：92–95，100.

[28] 高彦华，陈颖. 连续中压 PVPP 柱层析纯化茶多酚及 EGCG 的研究 [J]. 化工科技，2014，22 (3)：31–35.

[29] 成超，尹鹭，曹学丽，等. 儿茶素和表儿茶素异构体的高效逆流色谱分离制备 [J]. 食品科学，2012，33 (15)：140–143.

[30] 黄永东，江和源，江用文，等. 传统 SMB、Varicol 和 Partial–discard 工艺分离纯化 ECG 和 EGCG 的比较研究 [J]. 茶叶科学，2011，31 (3)：201–210.

[31] Wang SY, Liang Y, Zheng SW. Separation of epigallocatechin gallate from tea polyphenol by simulated moving bed chromatography [J]. J Chromatogr A, 2012, 1265 (22): 46–51.

[32] 龚志华，黄甜，庞月兰，等. HP–20 大孔吸附树脂分离纯化儿茶素 EGCg 的效果 [J]. 湖南农业大学学报：自然科学版，2010，36 (1)：87–90.

[33] 刘仲华，张盛，李适，等. 表儿茶素没食子酸酯 (ECG) 单体的分离纯化方法：中国，ZL201110353886.4 [P]. 2012.

[34] 张盛，刘仲华，肖文军，等. 表没食子儿茶素 (EGC) 单体的分离纯化方法 [P]. 中国专利：ZL201110353889.8. 2012.

[35] 顾峰. 一种从新鲜茶叶中提取高纯度茶氨酸的方法 [P]. 中国专利：ZL201510304960.1. 2015–08–12.

[36] Liu S, Li Y, Zhu J. Enzymatic production of L–theanine by gamma–glutamylmethylamide synthetase coupling with an ATP regeneration system based on polyphosphate kinase [J]. Process Biochem, 2016, 51 (10): 1458–1463.

[37] 仇俊鹏，陈桃生，王唐，等. 一种混合菌种微生物转化法高效合成 L– 茶氨酸的方法 [P]. 中国专利：ZL201510211262.7. 2015–08–12.

[38] 王友明，龚杜明，王迎松，等. 用 L– 焦谷氨酸和无水乙胺合成 L– 茶氨酸的方法 [P]. 中国专利：ZL201310485626.1. 2015–04–29.

[39] 王斌，江和源，张建勇，等. 固定化多酚氧化酶填充床反应器连续制备茶黄素 [J]. 食品与发酵工业，2011，37 (5)：40–44.

[40] Ishiyama K, Nishimura M, Deguchi M, et al. Enzymatic preparation of methylated theaflavins and their antioxidant activities [J]. The Japanese Society for Food Science and Technology, 2013, 60 (7): 339–346.

[41] Xu Y, Jin Y, Wu Y, et al. Isolation and purification of four individualtheaflavinsusingsemi–preparative high performance liquid chromatography [J]. Journal of Liquid Chromatography & Related Technologies, 2010, 33 (20): 1791–1801.

[42] 林丹. 中压制备液相色谱在儿茶素和茶黄素单体快速分离制备中的应用研究 [D]. 合肥：安徽农业大学，

2012.

[43] 王坤波，刘仲华，黄建安，等. 经济发展方式转变与自主创新——第十二届中国科学技术协会年会论文集：反相制备高效液相色谱分离四种茶黄素 [M/CD]. 北京：清华同方光盘电子出版社，2010.

[44] Kumar NS，Punyasiri PN，Wijekoon W. The hexane-ethyl acetate-methanol-water system for the separation of theaflavins from black tea (*Camellia sinensis*) using high-speed counter-current chromatography [J]. Ceylon Journal of Science，2016，45 (2)：79-86.

[45] 谢亮亮，蔡为荣，张虹，等. 茶多糖的分离纯化及其抗凝血活性 [J]. 食品与发酵工业，2012，38 (9)：191-195.

[46] 熊伟，李雄辉，付建平，等. 大孔树脂串联吸附原花青素和茶皂素的工艺研究 [J]. 粮食与油脂，2016，29 (11)：35-37.

[47] 刘传芳，李俊乾，陈莉，等. 高纯度茶皂素的制备方法研究 [J]. 科技创新导报，2014，2：10-11.

[48] Wu YQ，Man WD. Study on Ultrasonic Assisted-Precipitation Method Combined Purification of Tea Saponin [J]. Advanced Materials Research，2013，634：1552-15526.

[49] Choung MG，Hwang YS，Lee MS，et al. Comparison of extraction and isolation efficiency of catechins and caffeine from green tea leaves using different solvent systems [J]. International Journal of Food Science & Technology，2014，49 (6)：1572 - 1578.

[50] Gadkari PV，Kadimi US，Balaraman M. Catechin concentrates of garden tea leaves (*Camellia sinensis* L.)：extraction/isolation and evaluation of chemical composition [J]. Journal of the Science of Food & Agriculture，2014，94 (14)：2921-2928.

撰稿人：刘仲华　王岳飞　尹军峰　李　勤　张　盛　徐　平
何普明　王坤波　肖文军

茶叶保健功能与机理研究进展

目前全球有近60个国家种茶，160多个国家的人饮茶，这在很大程度上是出于对"饮茶有益健康"的追求。20世纪80年代开始，在世界范围内采用现代医学方法探索茶叶的保健功效，主要沿着活体外、活体内、临床试验、流行病学的研究轨迹进行。近年来，主要针对活性成分在人体内的生物可利用性以及如何提高生物可利用性和生物活性等方面开展研究。

一、发展现状和进展

1. 饮茶与癌症

在细胞与动物模型实验中，茶叶、茶叶提取物、绿茶活性成分茶多酚对不同部位肿瘤的发生与发展都具有抑制作用，但在人体上的研究结果和在动物上的研究结果并不完全一致。近年来，饮茶对前列腺癌、口腔癌、乳腺癌、肝癌、直肠癌等的研究结论并不一致。在流行病学研究中，饮用绿茶对前列腺癌具有预防作用，但是否可以治疗前列腺癌还缺乏有效证据。在非吸烟与不饮酒的人群中发现，饮用绿茶可以降低口腔癌的发生率，但在被动吸烟或者长期接触高温烹饪产生油溶烟雾的女性人群中则未观测到显著效果。此外，饮茶是否降低肺癌与乳腺癌发生率的报道也存在争议，需要进一步研究确认。饮茶对皮肤癌、胆管癌、膀胱癌和子宫内膜癌等的防护作用的数据相对有限，得出的结论也不一致。迄今为止，饮茶是否降低癌症风险的动物研究均取得了肯定的结果，但以人体为研究对象的流行病学研究结果往往和动物实验结果有较大差异。分析认为，监测人体血液中茶叶活性成分浓度一般在每升纳克水平，而动物实验时动物血液中的活性成分浓度在每升微克水平，两者间具有很大差异，这被认为是人体血管中活性成分的浓度过低导致研究效果在人体上不如在动物体上理想的原因。近年来，国内外都用热导法制备EGCG–抗坏血

酸 – β 乳球蛋白纳米粒（EGCG–Vc– β –Lg）和 EGCG– β – 乳球蛋白纳米粒研究对人体黑色素癌细胞（A–375）、食管癌细胞（TE–1）的增殖抑制作用和初步的作用机制。结果表明，EGCG–Vc– β –Lg 对上述两种癌细胞的增殖抑制作用效果优于 EGCG。这种制剂的平均直径为31.3nm，EGCG和 β –Lg的摩尔比为32∶1，EGCG和维生素C的摩尔比为3.5 ~ 5∶1。

2016 年，中国、美国和英国科学家联合发表了一篇饮用绿茶与各种疾病（包括心血管疾病和癌症）发生的流行病学调查研究，其中被调查的男性人群有 19.6 万位。人群分为不饮茶、每天饮茶≤ 5g、每天饮茶 5 ~ 10g、每天饮茶≥ 10g 四个组。从 16 年（1990—2006 年）的跟踪调查结果表明，人群饮茶的数量和癌症发生数量、发生程度呈显著负相关。低、中、高剂量饮茶组和不饮茶组的癌症发生风险比率分别为 0.86，0.92，0.79，1.0。这项研究是全世界到目前为止被调查人数和研究规模最大的一项饮茶与癌症发生流行病学研究。这项研究的发表将加速推动“饮茶及茶叶中活性成分预防人类癌症”战略的进程。

2. 饮茶与心血管疾病

心血管疾病，又称为循环系统疾病，是危害人类健康的常见疾病。目前认为，血管内皮功能是心血管健康的一个重要生物学标记，其功能障碍是早期动脉粥样硬化（AS）的一个重要病变特征，也是 AS 发生的始动环节。茶多酚具有保护大鼠血管内皮细胞的功能。EGCG 对肺微血管内皮细胞损伤具有保护作用。流行病学研究证明长期饮茶可以降低人类尤其是超重或肥胖人群的心血管疾病发生风险，预防心血管疾病可以从降低血压、降低甘油三酯水平、降低总胆固醇水平、降低“坏”胆固醇（低密度脂蛋白）而增加“好”胆固醇（高密度脂蛋白）等手段入手。近年来动物实验和临床研究显示，茶叶具有抗凝、促进纤溶、改善血管内皮功能、降血压、调血脂、抗炎症、抗氧化以及抗增生等方面的作用。绿茶能够显著地降低血液中总胆固醇以及低密度脂蛋白胆固醇的浓度，从而有效地降低心血管疾病的风险。普洱茶、绿茶和红茶能够调节机体代谢内环境的平衡，能够通过降低脂肪酸合成酶的表达水平和增加 MAPK 的磷酸化水平而激活 MAPK 通路来有效改善果糖诱导高脂血症大鼠的代谢紊乱。国内外研究都表明了饮茶能够一定程度上降低心血管疾病发生的风险，而且改善血管内皮功能是心血管健康的关键，但仍然需要高质量的试验与长期随访进一步证实这一点。茶叶对心血管病的预防作用主要归功于茶叶中的黄酮类物质，该类化合物能有效防止 AS，其机理在于茶黄酮类物质提高了 NO 水平和改善血管内皮功能；同时茶叶以及黄酮类物质对动物模型的体重、体脂肪的影响都对心血管疾病的防护起到了有益的作用。

3. 饮茶与减肥降脂

细胞、动物、人体实验以及流行病学研究均表明，饮茶可以调节脂类代谢，降低血液中的总胆固醇、甘油三酯、低密度脂蛋白胆固醇，还能降低其他器官及组织如肝脏、肾脏等的脂质含量，从而抑制肥胖及高血脂症的发生和发展，降低 AS、冠心病等各种心脑血管疾病的发生率和死亡率。多项流行病学调查显示，饮茶与血清中总胆固醇、脂蛋白胆固醇含量等呈负相关性。红茶提取物可抑制高脂饲料诱导的胰岛素受体 β 亚基、葡萄糖转运蛋白 4 和 AMPK 表达减少，从而显著抑制高脂饲料诱导的 C57BL/6J 小鼠体重增长和脂肪积累，达到减肥降脂的功效。研究表明，茶黄素是促进红茶抗肥胖和降脂作用的功能成分之一，可能降低肥胖患者 2 型糖尿病和心血管疾病（CVD）的风险。红茶还可通过抑制脂肪酸合成酶的表达和激活 AMPK 的磷酸化，改善果糖诱导的高血脂和高瘦素血症。研究发现红茶中的茶黄素对体重减轻的有效靶标胰腺脂肪酶有抑制作用，这有助于胰腺脂肪酶抑制剂的开发。研究还发现红茶提取物对胰腺脂肪酶具有显著抑制效果，其 50% 抑制率浓度为 15.5mg/mL；体内试验表明，红茶提取物可有效抑制血清中甘油三酯的增加且与红茶提取物剂量呈正关系，5% 的红茶提取物可有效降低小鼠体重、脂肪组织和肝脏脂肪含量。采用普洱茶水提物对 36 名肥胖前期患者进行人体试验发现，普洱茶水提物能显著降低人体体重、腰围、体质比和内脏脂肪含量，有效控制和预防肥胖的发生和发展。茯砖茶也具有显著降血脂功效。

4. 饮茶与糖尿病

中国糖尿病的发病率非常高，且存在年轻化的趋势。糖尿病主要分为 1 型和 2 型两种类型，2 型较为常见，占糖尿病总发病率的 90% ~ 95%。无论是 1 型还是 2 型糖尿病最后均会导致体内糖代谢异常，进而表现为血液和尿液中的葡萄糖水平升高。糖尿病以慢性高血糖为主要表现，与胰岛素的相对和绝对缺失有关。胰岛素是机体内唯一降低血糖的激素，糖尿病治疗中常使用外源性胰岛素降低血糖。在动物实验中，患糖尿病的雄性 Wistar 大鼠，服用红茶提取物 35 天后，其血液中氧化应激指标均较对照组明显改善，蛋白质和脂质过氧化指标降低。绿茶可以抑制糖尿病高血压大鼠体中糖原合成酶激酶 GSK3 与 p53 相互作用，从而减少足突状细胞的凋亡，减轻蛋白尿和肾毒性。糖尿病大鼠饮用白茶 2 个月后，可以防止睾丸氧化应激反应，提高精液浓度和质量，保护生殖健康。饮茶还可以改善糖尿病引发的一系列并发症。研究发现，绿茶对于防治糖尿病引发的牙周炎具有积极作用。饮用白茶可以改善前驱糖尿病 Wistar 大鼠对葡萄糖和胰岛素的耐受性，降低葡萄糖转运体 GLUT 表达，减少乳酸积累和丙氨酸的含量，减轻氧化应激。研究还发现，EGCG 能显著改善机体的葡萄糖耐受量，咖啡碱可能是茶叶降低血糖水平的关键成分，均可用于治疗 2 型糖尿病。

在流行病学研究方面，100 名患 2 型糖尿病的患者连续 4 周，每天喝 3 次 150mL 的绿茶，患者空腹胰岛素抵抗水平 HOMA-IR 明显下降，胰岛素耐受改善。饮用绿茶可以降低 2 型糖尿病患者的血压，减少糖尿病高血压并发症的发生。2 型糖尿病患者每日三餐后服用 500mg 绿茶提取物，连续 16 周后，胰岛素抵抗水平 HOMA-IR 下降，胰岛素耐受性显著改善，同时提高胰高血糖素样肽 GLP-1 的水平。前驱糖尿病患者连续 14 周每天饮用 3 杯绿茶可以降低腰臀比，降低动脉压和丙氨酸转氨酶活性。连续 12 周每天饮用红茶或以红茶为主要成分制成的降血糖茶 3 杯，可以抑制炎症细胞因子释放，如 IL-1β、IL-8 等，显著降低糖化血红蛋白 HbA1c 和低密度脂蛋白 LDL 水平的作用。

据研究，茶多酚对糖尿病的作用机理主要涉及五个方面：①促进胰岛素信号传递，减轻胰岛素抵抗；②减弱糖异生作用；③抗氧化作用；④减弱高糖、高脂毒性，能够通过激活 AMPK 途径抑制脂肪合成酶的活性，改善线粒体的功能，维持正常的周期来降低高糖毒性和高脂毒性所带来的伤害；⑤调节糖代谢相关的酶活性和影响葡萄糖转运载体的活性，从而减少肠道对葡萄糖的吸收。

5. 茶叶的抗菌和抗病毒功效

绿茶提取物对金黄色葡萄球菌（*Staphylococcus aureus*，SA）、耐甲氧西林金黄色葡萄球菌（*Methicillin-resistant Staphylococcus aureus*，MRSA）具有一定的抑菌作用，其主要有效成分为茶多酚。EGCG 的抗真菌效果比氟康唑高约 4 倍，比氟胞嘧啶高 4 ~ 16 倍。研究表明，绿茶提取物对于人类皮肤致病菌如表皮葡萄球菌、藤黄微球菌、亚麻短杆菌等和大肠杆菌、幽门螺杆菌也有较强的抑制作用。据研究，不同茶类的抗菌效果有明显不同，白茶和绿茶对 SA 的抑菌效果较强；普洱茶提取物对李斯特菌和沙门氏菌等有明显的抑菌效果；茯砖茶的浸提物对一些芽孢形成菌如蜡状芽孢杆菌、枯草芽孢杆菌、产气荚膜梭菌和生孢梭菌具有抑制作用。据报道，在相同的浓度条件下，红茶对人类龋齿主要致病菌变形链球菌的抗菌效果优于绿茶。

在抗病毒的研究上，主要集中于对流感病毒、乙肝病毒（HBV）、疱疹病毒和寨卡病毒等的抑制效果。研究发现：EGCG 和 ECG 对所有受试流感病毒（H5N1，H1N1，H9N2）均表现出显著的抑制效果；EGCG 具有一定的体外抗甲型流感病毒 FM1 株的作用。但也有研究表明，绿茶多酚具有抗疱疹病毒活性而没有抗流感病毒活性。红茶中的茶黄素衍生物也具有抗流感病毒复制和抗炎活性。EGCG 能抑制乙肝病毒共价环状 DNA 及 DNA 复制中间体的合成，抑制 HBV 的入侵，可以用于防止 HBV 的再感染。此外，EGCG 也能抑制细胞外 HBV DNA 的总量增加。白茶提取物对 HBsAg 和 HBeAg 表达均有显著的抑制作用。证实了普洱茶提取物对乙肝病毒的抑制作用。最近研究报道，EGCG 具有抑制基孔肯雅病毒感染和寨卡病毒感染的活性，茶黄素具有抑制杯状病毒的活性。

茶叶的抗菌和抗病毒功效的机理主要涉及 6 个方面：①茶叶中的化学成分能抑制病原微生物的粘附；②茶叶中化学成分对酶的竞争抑制作用，如 EGCG 能抑制葡萄糖等小亲水分子的被动运输，从而导致大肠杆菌的生长抑制；③茶叶中的化学成分能破坏菌体细胞膜；④茶叶中的化学成分能在转录水平上抑制基因表达；⑤茶叶中的化学成分能以多种方式激活白细胞，提高机体的抗感染能力；⑥茶叶中的化学成分能干扰病毒增殖周期的少数程序，从而阻断了病毒核酸的复制，抑制蛋白的表达，起到了抗病毒的作用。

6. 茶叶对神经退行性疾病的效果

神经退行性疾病是一类多因子引起的疾病，包括阿尔茨海默病和帕金森病等老年性疾病，前者是神经退行性疾病中最普遍的一种。由于这类疾病发生的关键部位在脑部，因此在药物治疗上必须具有穿透血 – 脑屏障的能力，同时具有强的抗氧化活性和脑中铁离子螯合的能力。许多调查和研究表明，饮茶数量和阿尔茨海默病的发生率间呈反比。在对 6.3 万中国人进行连续 12 年的调查结果表明，在不喝红茶的 37800 人中有 120 人患帕金森病，有 7000 人平均每月喝 23 杯红茶，其中只有 2 人患帕金森病。数据反映了红茶对帕金森病有一定预防效果。

饮茶对神经退行性疾病预防和治疗机理主要涉及 5 个方面：①茶多酚类化合物的抗氧化活性；②通过血 – 脑屏障进入脑组织中的 EGCG 和铁离子的螯合作用，它对铁复合物的 50% 抑制浓度为（4.9 ± 1.1）μ mol/L，与铁螯合剂 DFO（Desferrioxamine）的效果无显著差异；③调控脑细胞生存和死亡的基因，研究表明，绿茶中的 EGCG 和红茶中的茶黄素具有调控多种细胞生存和死亡基因的作用，还可以显著减少大脑中 A β 的积累；④改善记忆功能和认知能力；⑤消减 A β 在大脑中的积累和降低毒性。绿茶提取物的有效剂量为 5 ～ 10 μ g/mL，最高效果出现在 25 μ g/mL；红茶提取物（含 80% 茶黄素）效果更好（50% 抑制浓度为 1 ～ 2 μ mol/L）。

7. 茶叶功能性成分研究

近年来，在茶叶功能性成分多酚类（儿茶素类、黄酮及其糖苷类、茶黄素类、茶红素类、原花色素、花青素、聚酯型儿茶素类、酚酸类）、嘌呤碱类、氨基酸类、多糖类、皂素类、维生素类、矿质元素类等化合物的新成分发现与生物活性研究等方面均取得了较大进展。

儿茶素类是绿茶中多酚类化合物的主体成分，其中 EGCG 是绿茶中最主要的儿茶素成分。很多研究表明 EGCG 具有预防癌症，改善心血管健康，降血压，减肥，缓解帕金森症、阿尔兹海默症、糖尿病，保护皮肤免受电离辐射引起的损伤等作用，并将这些作用主要归因于 EGCG 的强抗氧化活性。最近研究还表明绿茶中 EGCG 具有潜在的预防寨卡病毒感染的功效。近年来，儿茶素衍生物的研究引人注目。据报道，茶叶中甲基化儿茶素 EGCG–3"Me、EGCG–4"Me 具有较强的抗过敏作用和降血压作用，预防肥胖的生物活性也要高于相对应的非甲基化儿茶素（EGCG–3"Me 高于 EGCG，ECG–3"Me 高于 ECG）。我国发现了 6 个 EGCG–3"Me 含量超过 1% 的茶树品种，并发现随着新梢成熟度的提高，EGCG–3"Me 含量逐渐增加，新梢达到一芽五叶成熟度时 EGCG–3"Me 含量最高。我国在普洱茶中发现了儿茶素 8–C 位 N– 乙基 –2– 吡咯烷酮取代的 8 个新的儿茶素衍生物（Puerins I–VIII），该类化合物由儿茶素（儿茶素、表儿茶素、没食子酸儿茶素、表没食子儿茶素）和茶氨酸在微生物作用下转化而来，具有良好的抗氧化活性。我国还从茯砖茶中分离鉴定出了 7 种儿茶素的衍生物成分，为儿茶素的 B 环裂变的内酯化合物。聚酯型儿茶素是近年来引起关注的儿茶素二聚物，它存在于茶鲜叶、绿茶和其他不同茶类产品中，与茶黄素主要存在于发酵程度较高的茶类中不同，聚酯型儿茶素在绿茶中含量也比较高，如浙江绿茶中含量为 1.57%。目前已发现的聚酯型儿茶素主要有 5 种（Theasinensins A–E）。

花青素是一类具有多种保健作用的功能性成分，在正常茶叶芽梢中花青素含量很少，仅占干物重的0.01%左右，但在紫芽种中则可高达1.0% ~ 3.0%。中国‘紫娟’品种是目前报道的花青素含量最高的紫芽种，一芽二叶新梢中花青素含量可达2.7% ~ 3.6%，其花青素组分主要为天竺葵素–3, 5–二葡萄糖苷、矢车菊–3–O–半乳糖苷、锦葵色素以及天竺葵色素等。HPLC检测显示，矢车菊素–3–O–(6–香豆酰)–半乳糖苷和飞燕草–3–O–(6–香豆酰)–半乳糖苷这两种花青素占紫娟花青素总量的75%。

在茶叶功能性成分数据库研究方面，构建了茶叶代谢组数据库（Tea Metabolome database，TMDB）和茶叶生物活性成分数据库TBC2health，对于茶叶功能性成分的研究具有重要的积极作用。TMDB数据库收录了来自于书籍、研究论文、电子数据库的364篇文献中的1393个茶叶化合物，可进行相关化合物名字、结构式、分子式、分子量、CAS号、化合物种类、来源、文献出处以及部分1H NMR和13C NMR谱图等信息的检索和查询。TBC2health数据库收录了497个茶叶活性成分与206种疾病（或表型）的1338条相关生物活性信息，包含化合物信息、疾病（或表型）信息、生物活性证据与相关文献三部分内容，可以快速方便地了解和查询茶叶相关成分的生物功能。

二、国内外比较分析

1）在茶对各种疾病的作用机理研究的深度上以美国领先，但有不少的中国科学家也参与研究。各国在饮茶与健康的研究中基本上按活体外（细胞）—活体内（动物）—临床试验—流行病学调查的程序开展研究。从国外发表的论文来看，用癌细胞进行活体外研究只是一个起始的研究程序，但很少有作为一篇研究论文的主题，如2015—2017年在《茶叶科学》上发表的有关饮茶与健康的研究论文中就有三分之一。是以癌细胞的抑制率为研究主题，美国、日本和中国对茶叶与各种疾病的流行病学研究进行得较多。2016年底发表的一篇饮茶与癌症、心血管疾病、各种疾病总计效果的调查对象达19.6万人的报告是由中国、美国和英国科学家共同完成的，这是迄今为止调查人数最多的一个流行病学研究，对处置茶叶在对人体各种疾病防治中的地位起到重要的作用。

2）关于不同茶叶对各种疾病的预防和治疗效果以中国研究得最多，主要是中国生产多种茶类。中国的研究细化了不同茶类的各自效果。近年来，我国特别对白茶的抗炎消火的功效进行了较多的研究，对黑茶的降脂、减肥和降压功效也有不少研究，而国外对绿茶、红茶以及茶多酚类化合物研究较多。

3）21世纪来，在茶叶与健康的研究中，国外将注意点转为茶叶活性成分在人体内的转移和到达靶标位置的数量、在血液中的浓度以及儿茶素类化合物的结构修饰和剂型改变等方面，以期提高儿茶素类化合物在抗癌中的效果；我国则大多致力于改变剂型以提高活性成分对人体疾病防效的研究上。

三、发展趋势与展望

随着人们生活水平的不断提高，健康日益成为人们饮茶的第一动力。近十多年来，在国际茶叶科学研究领域中，茶与健康的研究论文数量与影响因子遥居茶学各领域之首。已有的研究成果揭示，茶具有抗氧化、抗衰老、抗肿瘤、抗病毒、抗辐射、抗炎症、抗抑郁、抗过敏、降血压、降血脂、降血糖、降尿酸、调节免疫等保健作用。从近期的发展来看，茶与健康研究从系统性和作用机理两个层面同步深入；从体外试验、动物试验到人体临床，从生理生化活性、细胞生物学到分子生物学水平同步推进。饮茶与保健研究，未来将更多聚焦在与衰老和代谢综合征相关的疾病预防与治疗上。就研究对象而言，目前主要以单一功能成分或组分研究特定功能及作用机理；未来将借助系统生物学方法，研究不同茶类在同一功能上的作用效果和差异，细化不同茶类、不同活性成分预防和治疗人体主要疾病的功效、作用通路或作用靶点的差异，从而为合理饮茶提供精准的科学依据。

从全球茶叶保健研究来看，茶叶中的茶多酚类化合物，在动物体对上述各种疾病具有良好的预防效果和一定的治疗效果，但在人体上这种效果就相对较低。究其原因是这些活性成分在人体中的生物可利用性较低。因此，未来的研究重点可能围绕活性成分的生物可亲和性（bioaccessibility）、生物可利用性（bioavailability）和生物效应（bioefficacy），通过物理学、物理－化学和化学的方法，使得更多的活性成分到达靶标组织和器官，最大程度发挥茶多酚类化合物的生物学效应。

未来主要发展动向：一是研究提高茶叶中活性成分在人体中的可利用性。自 30 多年的研究已明确了茶叶对人体疾病防治的有效成分，但对人体和动物的效果差异较大。原因是人体对摄入的茶叶活性成分的生物可利用性较低，因此未来的 5 ～ 10 年从茶叶活性成分的化学结构修饰、剂型改变等方面提高成分的生物可利用性和到靶率，以提高在人体上的效果。二是重视茶多酚类化合物的安全性问题。在国外，茶多酚利用最多的是以添加剂的形式用于减肥降脂产品。茶多酚通常认为是毒性很低的化合物，但在近十年中也因茶多酚添加量过高而出现服用人员肝脏发病问题。2003 年 4 月在法国和西班牙市场上出现一种含绿茶提取物的减肥产品（Exolise），在服用后出现肝脏的酶活性大幅度上升。这种减肥保健产品虽已被下架停售，但仍被误认为是茶叶中的儿茶素所导致。随后的研究确定，上述减肥保健产品中加入的地衣酸等有害化合物以及儿茶素类化合物的添加量过高，是导致服用后肝脏发生问题的原因。因此对绿茶提取物的添加量应制定一个安全临界值（margin of safety），就是每天 EGCG 的摄入量和 NOAEL（未观察到有害作用剂量水平）间的距离以保证消费者的安全。三是细化不同茶类对人体疾病功效的研究。茶叶对人体疾病的防效应在现有研究的基础上进一步凝练，不能把茶叶理解为可以治各种疾病的“药物”，而应根据不同茶叶的活性成分针对不同疾病来细化其治疗目标。对有特殊功效的茶叶应进一步研究明确其具有特殊功效的活性成分，如白茶“消火”的活性成分，饮茶减肥、降脂的主要成分等。

参考文献

[1] Guo Y，Zhi F，Chen P，et al. Green tea and the risk of prostate cancer A systematic review and meta-analysis [J]. Medicine (Baltimore)，2017，96 (13)：e6426.

[2] Chen Y，Wu Y，Du M，et al. An inverse association between tea consumption and colorectal cancer risk [J]. Oncotarget，2017，8 (23)：37367–37376.

[3] Jacob SA，Khan TM，Lee LH. The Effect of Green Tea Consumption on Prostate Cancer Risk and Progression：A Systematic Review [J]. Nutr Cancer，2017，69 (3)：353–364.

[4] Chen F，He BC，Yan LJ，et al. Tea consumption and its interactions with tobacco smoking and alcohol drinking on oral cancer in southeast China [J]. Eur J Clin Nutr，2017，71 (4)：481–485.

[5] Fang CY，Wang XJ，Huang YW，et al. Caffeine is responsible for the bloodglucose-lowering effects of green tea and Puer tea extractsin BALB/c mice [J]. Chin J Nat Med，2015，13 (8)：595–601.

[6] Oliveira PF，Tom á s GD，Dias TR，et al. White tea consumption restores sperm quality in prediabetic rats preventing testicular oxidative damage [J]. Reprod Biomed Online，2015，31 (4)：544–556.

[7] 李春颖，李菁，李东盈，等. 茶多酚对动脉粥样硬化大鼠血管内皮的保护作用 [J]. 北京大学学报：自然科学版，2015，16 (5)：597–600.

[8] Butacnum A，Chongsuwat R，Bumrungpert A. Black tea consumption improves postprandial glycemic control in normal and pre-diabetic subjects：a randomized，double-blind，placebo-controlled crossover study [J]. Asia Pac J Clin Nutr，2017，26 (1)：59–64.

[9] 葛春梅，蔡悦，夏潇潇，等. 绿茶及其主要化学成分对 MRSA 的抗菌实验研究 [J]，中药材，2016，39 (5)：1163–1165.

[10] Ullah N，Ahmad M，Aslam H，et al. Green tea phytocompounds as anticancer：A review [J]. Asian Pac J Trop Dis，2016，6 (4)：330–336.

[11] 陈宗懋，甄永苏. 茶叶的保健功能 [M]. 北京：科学出版社，2014.

[12] Li Z，Jing H，Xu C，et al. A Review：Using nanoparticles to enhance absorption and bioavailability of phenolic phytochemicals [J]. Food Hydrocolloid，2015，43：153–164.

[13] Blumberg JB，Bolling BW，Chen CYO，et al. Review and perspective on the composition and safety of green tea extracts [J]. European Journal of Nutrition & Food Safety，2015，5 (1)：1–31.

[14] Ferreira ICFR，Martins N，Barros L. Phenolic compounds and its bioavailability：In vitro bioactive compounds or health promoters [J]. Advances in Food & Nutritioon Research，2017，82：1–44.

[15] Liu JX，LiuSW，Zhou HM，et al. Association of green tea consumption with mortality from all-cause，cardiovascular disease，and cancer in a Chinese Cohort of 165，000 adult men [J]. European J Epidemiology，2016，31：853–865.

[16] YellapuRK，MittalV，Grewal P，et al，Acute liver failure caused by ‘fat burners’ and dietary supplements：a case report and literature review [J]. Canadian J Gastroenterology，2011，25 (3)：157–160.

撰稿人：陈宗懋　林　智　刘仲华　王岳飞

茶树分子生物学研究进展

茶树作为一种多年生常绿木本植物，生命周期漫长，在其生长发育过程中，面临诸多的环境逆境，也涉及到复杂的生长发育调节机制。茶树在长期的选择压力下，形成了其特异的抗性或生长发育性状。茶树含有极其丰富的多酚类、咖啡碱、茶氨酸和萜烯类物质等次生代谢产物，这些物质最终赋予了茶叶独特的色香味品质特征，也是茶叶保健功效的主要贡献者，不同品种、季节、生长环境、栽培管理水平的茶树，次生代谢物的含量有较大差异，这些性状的形成涉及到复杂的基因调控网络。另外，白（黄）化茶树新品种，作为一类特异茶树新品种的出现，对推动我国茶叶产品结构调整起到了很大的促进作用，但对这类特殊性状是如何产生和调控的仍然不清楚。因此，解析茶树重要性状的遗传机理，发掘控制相关性状的功能基因，阐明复杂性状的调控网络，成为茶树分子生物学研究的热点之一。近 5 年来，研究者从多个角度聚焦解析茶树重要性状的遗传本质，特别是“组学”技术在茶树的应用越来越普遍，茶树分子生物学研究领域取得了较大的进展。

一、发展现状和进展

（一）发展现状

1. 高通量测序技术推动了茶树分子生物学的快速发展

随着高通量测序技术的快速发展，以及应用到茶学研究中，将过去以跟踪、模仿为主的茶树分子生物学研究快速推进了新时代。2011 年，应用二代测序技术研究了茶树次生代谢候选基因，开启了大规模发掘茶树功能基因的新篇章。后续利用该技术研究了不同的生物学现象，得到了以前难以预期的好结果。高通量测序技术的发展，也为开展茶树这一具有复杂基因组物种的全基因组测序提供了技术保障。作为承载控制各种性状基因信息的重要载体，完成茶树全基因组测序对于推动茶树分子生物学研究至关重要。国内多家单位选择不同代表性的品种，启动了茶树全基因组的测序计划，完成了 DNA 建库测序、序列组装、组装效果评价和基因注释等工作。构建了世界上首份相当于茶树基因组大小 10 倍的 BAC 文库，文库克隆数 161280，平均插入片段 113kb，空载率＜ 2.5%。但茶树由于基因组较大、杂合度较高、重复序列比例高等原因，进展比较缓慢。直到 2017 年，才有第一例茶树（‘云抗 10 号’）全基因组序列，该基因组全长 3.02 Gb，重复序列比例高达 80.9%。利用基因组数据信息，揭示了茶树风味和咖啡碱合成的进化途径。茶树全基因组的破译，必将加速茶树功能基因组学研究和优异新基因发掘，促进茶树资源的创新。

2. 蛋白质组学分析技术将茶树分子生物学研究推向新阶段

蛋白质组（proteome）是在一定条件下，生物体或生物体某个器官组织或细胞的基因组表达的全部蛋白质。双向凝胶电泳（two-dimensional electrophoresis，2-DE）是早期研究蛋白质组的技术手段，随着高通量、高灵敏度、高分辨率生物质谱技术的出现，蛋白质组学（proteomics）技术取得飞速发展。目前最新的 iTRAQ（isobaric tag for relative and absolute quantitation）和 ICAT（isotope-coded affinity tag）蛋白定量分析技术在茶树上也得到广泛应用。如利用 HPLC 和 iTRAQ 技术，分析了茶树芽和幼嫩叶片的代谢物含量和蛋白质组数据，发现多酚相关蛋白和光合相关蛋白的丰度与茶树次生代谢化合物积累的相关性较高；与芽相比，叶片中的黄酮醇合成相关的 FLS 蛋白的丰度显著上调，而苯丙烷途径的 PAL 蛋白丰度下调，表明儿茶素合成与黄酮醇合成途径可能存在发育特异性差异。

3. 代谢组学分析技术保证了茶树分子生物学研究更加精准

代谢组（metabolome）是指在生物样品中发现的全部小分子化学物质。代谢组学（metabolomics）是对生物体全部或某一条途径轮廓（metabolomic profiling）中这些小分子代谢产物进行定性和定量分析的一门新学科，它能够更准确地反映生物体系的状态。代谢组学研究的主要技术手段是核磁共振（NMR），质谱（MS），色谱（HPLC，GC）及色谱质谱联用技术。截止到 2015 年底，茶化合物库（http：//pcsb.ahau.edu. cn：8080/TCDB/index.jsp）中已经收录了包括酚类物质在内的 1450 条化合物信息，包括化合物名称、分子式和分子量、结构式以及质谱、氢谱、碳谱等 24 条有用信息。利用代谢组学手段研究了光强和温度对茶叶品质成分的影响，分析了春季不同时期茶树初级和次级代谢物的差异，揭示了春季不同时期绿茶品质成分波动的成因。

（二）重大进展

1. 茶树次生代谢调控分子机理研究取得了多项成果

茶树富含次生代谢物质，包括多酚类、咖啡碱、茶氨酸以及萜烯类等物质。这些次生代谢涉及到多个代谢通路，对其调控分子机理的研究一直是茶学研究的热点领域之一。近年来，随着多组学技术的快速发展，为解析茶树复杂的次生代谢调控机理提供了强有力的手段，在关键次生代谢物质的代谢机理研究方面取得了较为明显的成果。

1）明确了儿茶素没食子酰基化合成途径及其关键基因，推动了儿茶素代谢机理研究的深入。酯型儿茶素不仅是决定茶叶滋味品质的主要成分，也是其健康功效的主要成分。因此，儿茶素没食子酰基化的生化和分子机制一直是茶学研究的重要科学问题。利用代谢组学、蛋白组学、转录组学和功能基因组学等多种手段，证实茶树酯型儿茶素没食子酰基化（Galloylation）过程涉及两步反应：第一步为 UDPG 依赖的没食子酰基活化过程，即没食子酸和 UDPG 在没食子酰基葡萄糖转移酶（UGGT）作用下，形成没食子酰基葡萄糖（βG），其中 UGGT 属于 UDPG- 葡萄糖基转移酶类（UFGTs）；第二步是依赖于活化的酰基供体（1-O-Glc esters ）的没食子酰基转移过程，即表儿茶素 EC 与没食子酰基葡萄糖 βG 在表儿茶素没食子酰基 - 葡萄糖 O- 没食子酰基转移酶（ECGT）作用下，形成酯型儿茶素 ECG，其中 ECGT 属于 SCPL 酰基转移酶（SCPL acyltransferase）。对 19 个可能涉及没食子酰基葡萄糖转移酶的基因进行了功能验证。结果表明，其中只有 UGTs 基因家族第 84 亚组的 *CsUGT84A12* 基因具有没食子酰基葡萄糖转移酶（UGGT）的功能。另外，没食子糖苷化反应是儿茶素没食子酰基化的必要过程。对 NCBI 数据库中 132 个茶树类黄酮糖基转移酶（UFGT）基因进行了筛选、分组和蛋白质晶体匹配筛选，并利用原核表达体系及酶学分析等手段，鉴定发现 *CsUGT84A22* 基因参与了茶树儿茶素没食子酰基化的过程。*CsUGT78A14* 和 *CsUGT78A15* 则参与茶树黄酮醇糖苷化反应。

2）对苯丙烷代谢途径和类黄酮合成途径的功能基因有了新的认识。虽然对苯丙烷和类黄酮代谢途径的认识比较清晰，但对其关键基因功能的解析仍然较欠缺。近年来，用多种手段对苯丙烷和类黄酮代谢途径的关键基因的功能进行了鉴定，取得了较大进展。如发现 F3′H（Flavonoid 3′-hydroxylase）与茶树叶片中 3′，4′ 和 3′，4′，5′- 儿茶素的生物合成密切相关，而 F3′H 和 F3′5′H（Flavonoid 3′，5′-hydroxylase）对茶树中 B 环二羟基与三羟基儿茶素的比例有重要影响，且 F3′5′H 序列中功能性的 SNP 等位基因突变位点与 B 环二羟基化、三羟基化的儿茶素比例及含量有重要关系。

3）鉴定出多个参与调控酚类物质合成途径的转录因子。茶树儿茶素等植物酚类物质的生物合成代谢受到多个转录因子以及调控蛋白的共同调控，并形成一个复杂的代谢调控网络。其中 MYB 转录因子、bHLH 转录因子和 WD40 调节蛋白是研究的热点。研究结果表明，R2R3-MYB 中转录因子 CsAN1 是促进花青素积累的主要调节蛋白，它与 CsGL3 和 CsTTG1 一起，构成 MYB-bHLH-WDR（MBW）三联复合体，并作用于类黄酮合成途径而调节花青素积累；并发现 *CsAN1* 启动子中 CpG 低甲基化与紫色表型相关，低温和长日照诱导 *CsAN1* 可促进脱甲基，从而促进叶中花青素的积累。

4）茶树咖啡碱代谢调控机制研究取得新突破。N- 甲基转移酶（N-methyltransferases，NMTs）是咖啡碱生物合成的关键酶。咖啡碱合成酶（TCSs）属于 NMTs 家族。了解茶树品种间咖啡碱含量差异的分子机制可以为低咖啡碱或高咖啡碱含量的特异茶树品种选育提供指导。研究结果发现，茶树中 NMTs 共有 A、B'、C 和 YFFF 共 4 个高保守序列。甲基供体结合位点（SAM）有 5 个关键氨基酸残基，它们都有相同的 A，B' 和 C 保守区。属于 TCS1–5 的 gDNA 序列均由 4 个外显子和 3 个内含子组成。3 个保守区（A，B' 和 C）的编码区域位于 TCS1 序列的第二段外显子区。相对应的甲基黄嘌呤结合的氨基酸编码区位于第三和第四段外显子。TCS1–6 的核苷酸序列拥有很高的同源性，但是这些 NMTs 的启动子核苷酸序列的相似度非常低。不同茶树品种 5'–UTR 区（ATG 前 252bp）碱基序列和其自然变异的等位基因 *TCS1a*，*TCS1b*，*TCS1c*，*TCS1d*，*TCS1e* 和 *TCS1f* 进行的研究结果表明，*TCS1d*，*e*，*f* 三个基因重组蛋白的咖啡碱合成酶活性都高于可可碱合成酶，TCS1bc 的重组蛋白只有可可碱合成酶（TbS）的活性，说明 *TCS1* 的自然变异改变了其活性和转录水平。同时，通过定点突变实验证明了 TCS1 氨基酸残基 269 位对 TCS 的活性和底物识别中起着重要的作用，但不能检测底物的特异性。此外，在低咖啡碱的茶种质资源中，TCS1 等位基因转录水平低或其编码的蛋白质只有 TbS 活性，这两个分子机制控制着咖啡碱的生物合成，导致了咖啡碱的积累减少。在不同的茶树品种 TCS1 是多样性的，这是个体样本不同的遗传背景的影响导致的。在 44 个拥有丰富遗传背景的茶树品种中，在其 *TCS1* 的外显子区发现了 31 个 SNPs。此外，对 *TCS1* 中的 SNP4318 进行位点突变（C/T）可显著提高 TCS1 重组蛋白后可可碱合成酶（TbS）和咖啡碱合成酶（CS）的活性，同时验证了 SNP4318 和咖啡碱含量的关系。

5）证实了乙胺含量为茶树茶氨酸生物合成的主要限制因素。茶氨酸作为茶树特有的氨基酸，对茶叶品质形成至关重要，解析茶氨酸代谢机理将有助于深入茶树氮代谢研究及高茶氨酸品种选育与代谢调控。利用同位素标记技术，对包括茶树在内的不同物种进行了茶氨酸合成的研究，发现在人为添加和不添加乙胺的情况下，供试植物茶氨酸的生物合成与其内在的乙胺含量直接相关，乙胺含量为茶树茶氨酸生物合成的主要限制因素。同时也发现，乙胺在茶树体内特异性富集，这也是茶树茶氨酸含量高的最主要原因。

6）揭示了茶树芳樟醇和橙花叔醇生物合成调控新机制。茶树香气物质是一大类复杂的复合物，其生物合成涉及多条途径。其中萜烯类物质是茶叶香气的重要组成部分。萜烯类物质代谢涉及 MVA 和 MEP 两条途径。近年来，茶树中多个 MVA 和 MEP 途径中的基因被克隆，包括 *CsHDS*、*CsHDR*、*CsHMGR*、*CsTPS1* 等。芳樟醇和橙花叔醇是决定茶叶花甜香的关键物质。研究发现，茶树芳樟醇合成酶等 8 个萜类合成酶基因的时空表达与萜类化合物总量的时空变化有明显的正相关，并发现茶树芳樟醇、橙花叔醇合成酶基因在茶树中的催化功能和时空表达的变化与鲜叶和花中芳樟醇的生物合成与积累有着明显的相关性。茶树萜类合成酶基因（*CsLIS/NES*）在茶树叶片和花中通过转录过程中的再加工，生成了功能有别的两个转录本 *CsLIS/NES-1* 和 *CsLIS/NES-2*，离体和活体条件下，CsLIS/NES–1 和 CsLIS/NES–2 催化生成芳樟醇和橙花叔醇主产物和少量其他萜类次产物。MeJA 处理可导致橙花叔醇合成酶基因 *CsNES* 表达水平升高 30 多倍。最新研究表明，茶树通过 *CsLIS/NES*

转录及其转录本的剪切加工，调控茶树生物挥发性信号分子的生物合成，调节其与生态群体中其他个体的互作，提高其自身的适应性。这一研究成果对增进茶叶香气品质的定向育种、栽培和加工技术具有重要的指导意义。

2. 茶树逆境响应与生长发育调控机制研究取得新突破

（1）茶树逆境响应调控机制研究

茶树的生长发育及茶叶生产易受到各种生物与非生物逆境的胁迫。为提高茶树抗逆性，近年来，科研人员在挖掘茶树逆境响应基因，探索茶树对逆境胁迫的应答机制方面取得一定的进展。

1）茶树抗寒机理研究。低温是影响茶树生长发育与分布范围的最主要环境因素之一。研究发现，碳水化合物代谢及钙离子信号途径在茶树抗寒响应中具有重要作用。这两个途径的多个基因被克隆，低温胁迫下的表达模式已有分析，鉴定出多个与低温胁迫响应相关的基因。ICE1（inducer of CBF expression）–CBF1/DREB1（C–repeat/dehydration–responsive element binding factor）–COR（cold regulated genes）信号途径作为重要的低温响应信号途径，在茶树上开展了相关研究，发现 *CsICE1* 为组成型表达，在4℃和20℃时没有明显差异；而 *CsCBF1* 受 4℃处理显著诱导。同时，研究也证实了 CsCBF1 能够结合 CRT/DRE 顺式作用元件，这些说明了植物中ICE1–CBF转录因子介导的冷响应信号途径在茶树中的保守性。一些具有调控抗寒功能基因的转录因子如 bZIP 等也被鉴定出来，并通过转模式植物拟南芥进行了间接鉴定。表观遗传修饰（epigenetic modification）是区别于经典遗传调控的又一种基因表达调控机制，它是基于非基因序列改变而调控基因表达水平的变化，包括 DNA 甲基化、基因印记、染色体修饰以及非编码 RNA 等。茶树上受基因组信息的限制，目前对表观遗传的研究仅限于小 RNA 和甲基化。一些与茶树抗寒相关的小 RNA 及其靶基因被鉴定出来。另外也发现，茶树冷驯化过程中同时发生了甲基化和去甲基化现象，但总体变化趋势表现为甲基化水平的增加。这些结果表明表观遗传修饰也对茶树抗寒响应起重要作用。

2）抗旱机制研究。干旱是影响茶树生长发育的又一重要环境因子。研究结果发现，干旱胁迫诱发了大量基因的表达发生改变，在小 RNA、蛋白组上也发生变化，说明茶树可以通过 mRNA、miRNA 和蛋白质等多个层面的改变来调节自身的抗逆机制，抵御干旱逆境。

3）抗病虫分子机制研究。通过茶树对茶尺蠖、炭疽病等为害前后的基因表达变化的研究，发现茶尺蠖取食能够引起与信号传导、次生代谢等抗性物质相关基因的变化。炭疽病则引起抗病的一些基因如 NBS–LRR、茉莉酸途径、信号传导以及次生代谢物质如咖啡碱合成途径的关键基因发生表达的变化。

（2）生长发育机制研究

1）越冬芽休眠机制研究。越冬芽休眠是茶树适应冬季低温的一种重要的生长保护机制。对茶树越冬芽休眠分子机制的研究发现，参与茶树休眠调控的主要机制包括表观遗传机制、植物激素信号途径和胼胝质相关的胞间通讯，染色质表观控制、植物激素以及相关的转录因子与休眠调控关系最为密切；休眠与萌发差异表达的基因主要归为5类：参与普通抗逆反应，水胁迫反应，细胞分裂调控，能量代谢和激素代谢相关基因。一些参与休眠调控的关键基因如细胞周期蛋白基因（*CsCYC1*）、茶树细胞周期蛋白依赖激酶（*CsCDK1*）、生长素早期响应因子（*CsARF1*）、生长素抑制蛋白基因（*CsARP1*）、生长素受体基因（*CsTIR1*）、生长素外运载体基因（*CsPIN3*）及赤霉素受体基因（*CsGID1a*）等被克隆出来，这些基因在不同休眠状态下的表达模式得到了系统的分析。

2）茶树生殖机理研究。开花结实是茶树生殖生长的重要标志，对遗传育种和保持茶树遗传多样性具有重要意义，同时开花习性还影响茶树生产。对茶树成花调控及花的发育相关基因的研究进展非常缓慢，直到高通量测序及数字表达谱等新技术的应用，才进一步推动了该领域的研究。研究发现，与异花授粉相比，自花授粉的花粉管生长较慢。在授粉后的24h，48h，72h自花授粉与异花授粉的花中分别有3182，3575，3709个存在显著表达差异的基因。这些差异表达基因主要富集在泛素化调控的蛋白水解途径、钙离子信号通路、细胞凋亡、防御相关的过程。茶树中一个与S-Rnase同源的基因可能在茶树自交不育中发挥重要作用。

3. 茶树叶色变异机理的研究推动了特异品种选育的基础理论发展

近年来，叶色突变新品种成为茶树品种选育的热点，也推动了茶产业的提质增效。其中以‘白叶1号’为代表的白化品种、以‘黄金芽’‘中黄1号’等为代表的黄化品种的发现和育成对研究叶片颜色形成及次生代谢调控机制具有较大的推动作用。通常，白化或黄化茶树中的关键化学成分，包括叶绿素、类胡萝卜素、儿茶素类、氨基酸类、黄酮类、花青素等物质含量发生了显著性改变，这些变化对茶树生长发育、抗逆性以及成品茶品质等产生了重要的影响。解析茶树叶色变异机理，对推动此类品种选育及正确的种植技术具有重要意义。

‘白叶1号’（安吉白茶）是广泛栽培和研究的新梢白化茶树品种，目前成为研究茶树白化机理最深入的品种。研究发现，在基因表达水平上，白化与绿色叶片的差异表达基因涉及能量代谢、碳固定、细胞膨胀、次生代谢、植物生长发育和防御反应以及蛋白、核酸合成等生理过程。其中与叶绿体结构维持以及叶绿素生物合成相关的基因对白化形成的关系最为密切，叶绿体结构破坏和叶绿素合成途径受阻可能是‘白叶1号’呈现白化表型的直接原因。在蛋白质水平上，白化过程中差异表达的蛋白功能涉及碳、氮、硫代谢（如磷酸甘油酸激酶、烯醇化酶、S-腺苷甲硫氨酸合成酶、谷氨酰胺合成酶），光合作用（如1，5-二磷酸核酮糖羧化/氧化酶大亚基），蛋白质和RNA加工（如启动因子4A-7、热激蛋白70、热激蛋白60-2、29 kDa核糖核蛋白A），胁迫和解毒相关蛋白（如早期光诱导蛋白、异黄酮还原酶）等。在代谢水平上，白化叶与返绿叶主要不同的代谢途径包括光合作用组织的碳固定、苯丙素和黄酮类化合物的生物合成途径等。在白化时期，叶片内的果糖、葡萄糖-1-磷酸和表儿茶素浓度降低，而氨基酸类，主要为丙氨酸、甘氨酸、丝氨酸、色氨酸、瓜氨酸、谷氨酰胺、脯氨酸和缬氨酸浓度显著增加，证实了新梢失绿茶树叶片颜色的发育改变伴随着内在代谢物的动态变化。

黄化是另一类茶树新梢颜色变异类型，以'中黄1号''中黄2号'和'黄金芽'等品种为代表。研究表明，黄化及高氨基酸等表型与基因水平和蛋白水平的变化关系密切。一般情况下，黄化品种在黄化期，其叶片内叶绿体结构不完整，叶绿素、儿茶素、花青素等物质含量低，而氨基酸特别是茶氨酸含量升高，涉及与叶绿体结构维持、叶绿素代谢、类胡萝卜素代谢、黄酮类代谢以及氨基酸代谢等途径中的关键基因和蛋白都会发生相应的改变。特别是光照敏感型的'黄金芽'叶片在自然光照条件下，MEP代谢途径的1-脱氧-D-木酮糖-5-磷酸合成酶基因*DXS1*、*DXS2*和*DXS3*以及叶绿素代谢途径的镁离子螯合酶D亚基基因*CHLD*的表达受到显著抑制，而类胡萝卜素代谢途径的八氢番茄红素合成酶基因*PSY*、番茄红素β-环化酶基因*LCYB*、胡萝卜素ε-单加氧酶基因*LUT1*、玉米黄质环氧化酶基因*ZEP*和紫黄质脱环氧化酶基因*VDE*等维持较高的表达水平，推测这些基因是导致'黄金芽'叶片内叶绿素含量缺乏而总类胡萝卜素、紫黄质、叶黄素维持高水平含量、进而呈现黄色表型的主要原因。但对黄化品种'郁金香'的研究发现，黄化叶中代谢流和基因表达的变化，反映在类黄酮代谢途径中。黄化叶中儿茶素的降低与槲皮素的升高伴随发生，与此相应，*DFR*和*LCR*也有明显的表达变化。这种变化可能与两种代谢物在抵御逆境胁迫中作用相一致。

基于上述研究结果，可以看出，茶树叶片的白化或黄化是由大量基因调控的复杂生理过程，并涉及初级和次生物质代谢。对目前得到的候选基因进行更深层次的功能研究，是揭示茶树叶片失绿以及内在代谢物变化的关键之举。

二、国内外比较分析

（1）我国在茶树分子生物学"组学"研究领域优势明显

随着高通量测序技术及分析测试技术和计算技术的快速发展，多种"组学"的出现及联合分析策略的应用，分子生物学研究进入了"系统生物学"的新时代。"转录组学"、"蛋白组学"、"代谢组学"等已经成为解析复杂生命现象的基本研究工具，整合多种"组学"数据进行联合分析，用"系统"的思路分析生命现象，成为现代分子生物学研究的新趋势。在茶树上，与其他模式植物研究相比，虽然仍显落后，但受益于近年我国科研经费的大幅提升，我国在基于高通量技术解析茶树重要性状的分子机理研究上已经处于该领域的领先地位。检索Web of knowledge数据库，2011—2016年，国际上发表的以茶树为研究对象、涉及"组学"研究的SCI论文，多数由我国学者发表。

（2）功能基因组学研究处于跟踪阶段

国内外植物功能基因组学的研究，已经迈入精细功能鉴定的新阶段，特别是模式植物，在单个基因的精细调控单元及其作用网络的解析上达到了新高度。但对于茶树来说，目前功能基因组学的研究仍处于跟踪阶段，没有原创性或茶树特有的基因被鉴定或发掘出来，多数研究仍停留于表象，相关性分析较多，生物学机理研究不够。2011—2016 年，发表在植物学领域 top5 期刊上的茶树分子生物学论文几乎没有。另外，受转基因技术体系不完善的影响，茶树功能基因的鉴定仍然还需要借助于模式植物的异源表达来间接进行，无法在茶树上实现直接的遗传操作，影响到鉴定结果的可靠性，也制约了茶树分子生物学研究的深度。

（3）我国在构建茶树遗传转化体系方面相对滞后

实现茶树的遗传操作，是直接鉴定茶树基因功能的必要技术前提。但由于茶树含有丰富的酚类物质，导致茶树的遗传转化成功率低。缺乏稳定可靠的茶树转基因技术体系，是限制茶树分子生物学深入研究的重要技术瓶颈。2001 年印度科学家报道了首例基于农杆菌介导的茶树转基因成功案例，后陆续有成功实现基因转化、获得转基因茶树的实例，如沉默咖啡碱合成酶基因，获得低咖啡碱的植株；转入烟草的 osmotin 基因，提高茶树的抗逆性，以及提升茶叶的品质和产量等。由于茶树转基因技术无论是对学科发展的推动，还是实现茶树定向的分子设计育种都非常重要，所以我国学者也在建立茶树遗传转化体系上进行了长时间的探索，但迄今尚无获得成功，这也大大制约了我国茶树分子生物学特别是功能基因组学的研究步伐。另外，植物基因组编辑技术在其他植物上的应用风生水起，但茶树上还没有相关信息。

三、发展趋势与展望

（1）建立稳定可靠的茶树转基因技术体系

实现基因直接的遗传操作是鉴定茶树基因功能最直接的手段，异源转化模式植物可以间接验证部分基因功能，但远不如直接实现茶树遗传转化的结果令人信服。虽然印度有茶树转基因成功的报道，但仍然存在转化效率低、再生植株困难、转化方法单一等难题，而且我国迄今为止仍无成功案例，这严重制约了我国茶树分子生物学研究的发展。因此，建立稳定可靠简便的茶树遗传转化技术体系势在必行。今后需要从遗传转化技术和再生技术两个方面进行攻关，突破技术难点。另外，基因组的定点编辑也是研究基因功能的重要手段之一，目前多种植物已经建立起可靠的基因组定点编辑技术。常用的基因组定点编辑技术包括锌指核酸酶（ZFN）技术、转录激活样效应因子核酸酶（TALEN）技术、CRISPR/Cas 技术和寡核苷酸定点突变（ODM）技术等。在茶树上建立有效的定点突变技术体系，或许是突破茶树转基因技术障碍的较好技术路径。

（2）建立茶树全基因组精细图谱

虽然茶树全基因组测序及拼接取得了一定的进展，但现有的物理图谱较粗，存在拼接片段较短，gap 较大、基因注释不全面、基因没有定位到染色体等较多问题，这限制了对该图谱解析茶树重要遗传信息的高效利用。因此，下一步需要借助于我国丰富的茶树资源，开展重测序等，进一步提高茶树全基因组组装的结果，提高拼接质量，丰富完善基因注释信息，建立精细化的茶树参考基因组。在此基础上，深入发掘茶树特有功能基因信息，由跟踪研究转变为原创性研究，阐明关键基因的结构、功能和互作效应及调控机制，提高茶树分子生物学研究的深度。

（3）解析茶树复杂性状的调控机理

随着测序技术、高通量蛋白质和代谢物检测技术以及生物信息学分析技术的飞速发展，"后基因组时代"已经迈入"系统生物学"的研究新纪元，多"组学"研究策略的应用，已经成为茶树分子生物学研究的发展方向。虽然这些研究在茶树上刚刚起步，但是有理由相信，随着技术条件的不断完善和研究手段的不断进步，这些新的研究手段和研究策略必将促进茶树分子生物学研究的进一步发展。

参考文献

[1] Cheng S, Fu X, Wang X, et al. Studies on the biochemical formation pathway of the amino acid l-theanine in tea (*Camellia sinensis*) and Other Plants [J]. J Agric Food Chem, 2017, 65 (33): 7210-7216.

[2] Cui L, Yao S, Dai X, et al. Identification of UDP-glycosyltransferases involved in the biosynthesis of astringent taste compounds in tea (*Camellia sinensis*) [J]. Journal of experimental botany, 2016, 67 (8): 2285-2297.

[3] Hao X, Yang Y, Yue C, et al. Comprehensive Transcriptome analyses reveal differential gene expression profiles of *Camellia sinensis* axillary buds at para-, endo-, ecodormancy, and bud flush stages [J]. Frontiers in Plant Science, 2017, 8: 553.

[4] Jin J Q, Ma J Q, Yao M Z, et al. Functional natural allelic variants of flavonoid 3', 5'-hydroxylase gene governing catechin traits in tea plant and its relatives [J]. Planta, 2016, 245 (3): 1-16.

[5] Jin J Q, Yao M Z, Ma C L, et al. Natural allelic variations of TCS1 play a crucial role in caffeine biosynthesis of tea plant and its related species [J]. Plant Physiology & Biochemistry, 2016, 100: 18-26.

[6] Li C F, Yao M Z, Ma C L, et al. Differential metabolic profiles during the albescent stages of 'Anji Baicha' (*Camellia sinensis*) [J]. PLoS One, 2015, 10 (10): e0139996.

[7] Li Q, Huang J, Liu S, et al. Proteomic analysis of young leaves at three developmental stages in an albino tea cultivar [J]. Proteome Sci, 2011, 9: 44.

[8] Li Q, Li J, Liu S, et al. A Comparative proteomic analysis of the buds and the young expanding leaves of the tea plant (*Camellia sinensis* L.) [J]. International Journal of Molecular Sciences, 2014, 16 (6): 14007-14038.

[9] Liu G F, Han Z X, Feng L, et al. Metabolic flux redirection and transcriptomic reprogramming in the albino tea cultivar 'Yu-Jin-Xiang' with an emphasis on catechin production [J]. Sci Rep, 2017, 7: 45062.

[10] Liu G F, Liu J J, He Z R, et al. Implementation of *CsLIS/NES* in linalool biosynthesis involves transcript splicing

regulation in Camellia sinensis [J]. Plant Cell Environ, 2018, 41 (1): 176–186.

[11] Liu J, Zhang Q, Liu M, et al. Metabolomic analyses reveal distinct change of metabolites and quality of green tea during the short duration of a single spring season [J]. J Agric Food Chem, 2016, 64 (16): 3302–3309.

[12] Liu S C, Xu Y X, Ma J Q, et al. Small RNA and degradome profiling reveals important roles for microRNAs and their targets in tea plant response to drought stress [J]. Physiol Plant, 2016, 158 (4): 435–451.

[13] Liu S C, Jin J Q, Ma J Q, et al. Transcriptomic Analysis of tea plant responding to drought stress and recovery [J]. PLOS ONE, 2016, 11 (1): e0147306.

[14] Liu Y, Gao L, Liu L, et al. Purification and characterization of a novel galloyltransferase involved in catechin galloylation in the tea plant (*Camellia sinensis*) [J]. J Biol Chem, 2012, 287 (53): 44406–44417.

[15] Shi C Y, Yang H, Wei C L, et al. Deep sequencing of the *Camellia sinensis* transcriptome revealed candidate genes for major metabolic pathways of tea–specific compounds [J]. BMC Genomics, 2011, 12: 131.

[16] Song L, Ma Q, Zou Z, et al. Molecular link between leaf coloration and gene expression of flavonoid and carotenoid biosynthesis in *Camellia sinensis* cultivar '*Huangjinya*' [J]. Frontiers in Plant Science, 2017, 8: 803.

[17] Sun B, Zhu Z, Cao P, et al. Purple foliage coloration in tea (*Camellia sinensis* L.) arises from activation of the R2R3–MYB transcription factor CsAN1 [J]. Sci Rep, 2016, 6: 32534.

[18] Tai Y, Wang H, Wei C, et al. Construction and characterization of a bacterial artificial chromosome library for *Camellia sinensis* [J]. Tree Genetics & Genomes, 2017, 13 (4).

[19] Wang D, Li C F, Ma C L, et al. Novel insights into the molecular mechanisms underlying the resistance of *Camellia sinensis* to *Ectropis oblique* provided by strategic transcriptomiccomparisons [J]. Scientia Horticulturae, 2015, 192: 429–440.

[20] Wang L, Cao H, Chen C, et al. Complementary transcriptomic and proteomic analyses of a chlorophyll–deficient tea plant cultivar reveal multiple metabolic pathway changes [J]. Journal of Proteomics, 2015, 130: 160–169.

[21] Wang L, Cao H, Qian W, et al. Identification of a novel bZIP transcription factor in *Camellia sinensis* as a negative regulator of freezing tolerance in transgenic arabidopsis [J]. Ann Bot, 2017, 119 (7): 1195–1209.

[22] Wang L, Wang Y, Cao H, et al. Transcriptome analysis of an anthracnose–resistant tea plant cultivar reveals genes associated with resistance to *Colletotrichum camelliae* [J]. PLoS ONE, 2016, 11 (2): e0148535.

[23] Wang L, Yue C, Cao H, et al. Biochemical and transcriptome analyses of a novel chlorophyll–deficient chlorina tea plant cultivar [J]. BMC Plant Biol, 2014, 14 (1): 352.

[24] Wang X, Hao X, Ma C, et al. Identification of differential gene expression profiles between winter dormant and sprouting axillary buds in tea plant (*Camellia sinensis*) by suppression subtractive hybridization [J]. Tree Genetics & Genomes, 2014, 10 (5): 1149–1159.

[25] Wang X, Zhao Q, Ma C, et al. Global transcriptome profiles of *Camellia sinensis* during cold acclimation [J]. BMC Genomics, 2013, 14 (1): 415.

[26] Wang Y C, Qian W J, Li N N, et al. Metabolic Changes of caffeine in tea plant [*Camellia sinensis* (L.) O. Kuntze] as defense response to *Colletotrichumfructicola* [J]. Journal of Agricultural and Food Chemistry, 2016, 64 (35): 6685–6693.

[27] Wang Y N, Tang L, Hou Y, et al. Differential transcriptome analysis of leaves of tea plant (*Camellia sinensis*) provides comprehensive insights into the defense responses to *Ectropis oblique* attack using RNA–Seq [J]. Funct Integr Genomics, 2016, 16 (4): 383–398.

[28] Wang Y, Jiang C J, Li Y Y, et al. CsICE1 and CsCBF1: two transcription factors involved in cold responses in *Camellia sinensis* [J]. Plant Cell Reports, 2012, 31 (1): 27–34.

[29] Wei K, Wang L, Zhang C, et al. Transcriptome analysis reveals key flavonoid 3′–hydroxylase and flavonoid 3′, 5′–hydroxylase genes in affecting the ratio of dihydroxylated to trihydroxylated catechins in *Camellia sinensis* [J].

PLOS ONE, 2015, 10 (9): e0137925.

[30] Xia E H, Zhang H B, Sheng J, et al. The tea tree genome provides insights into tea flavor and independent evolution of caffeine biosynthesis [J]. Mol Plant, 2017, 10 (6): 866–877.

[31] Zhang C C, Wang L Y, Wei K, et al. Transcriptome analysis reveals self-incompatibility in the tea plant (*Camellia sinensis*) might be under gametophytic control [J]. BMC Genomics, 2016, 17 (1): 359.

[32] Zhang Q, Shi Y, Ma L, et al. Metabolomic analysis using ultra-performance liquid chromatography-quadrupole-time of flight mass spectrometry (UPLC-Q-TOF MS) uncovers the effects of light intensity and temperature under shading treatments on the metabolites in tea [J]. PLoS ONE, 2014, 9 (11): e112572.

[33] Zhang Y, Zhu X, Chen X, et al. Identification and characterization of cold-responsive microRNAs in tea plant (*Camellia sinensis*) and their targets using high-throughput sequencing and degradome analysis [J]. BMC Plant Biology, 2014, 14: 271.

[34] Zhou T S, Zhou R, Yu Y B, et al. Cloning and characterization of a flavonoid 3′ –hydroxylase gene from tea plant (*Camellia sinensis*) [J]. International Journal of Molecular Sciences, 2016, 17 (2): 261.

[35] 金基强，姚明哲，马春雷，等. 合成茶树咖啡碱相关的 N- 甲基转移酶基因家族的克隆及序列分析 [J]. 茶叶科学，2014，34 (2): 188–194.

[36] 马春雷，姚明哲，王新超，等. 茶树叶绿素合成相关基因克隆及在白叶 1 号不同白化阶段的表达分析 [J]. 作物学报，2015，41 (2): 240–250.

[37] 周艳华，曹红利，岳川，等. 冷驯化不同阶段茶树 DNA 甲基化模式的变化 [J]. 作物学报，2015，41 (7): 1047–1055.

撰稿人：夏　涛　王新超　魏　书　高丽萍　邓威威　王　璐　郝心愿　李娜娜

茶叶质量安全研究进展

一、发展现状和进展

1. 检测技术研究

1）农药残留检测技术在快速、简单、绿色和高通量样品前处理等方面取得长足进展。丙基乙二胺（PSA）、十八烷基硅烷键合硅胶（C18）、石墨炭黑等混合吸附剂不断优化配比，有效地去除茶叶基质，从而开发了基于 QuEChERS 快速、简单的样品前处理技术，成为我国茶叶农药残留检测主要手段。新型材料在茶叶农药残留检测前处理中有了深入研究，结果表明，碳纳米管具有吸附能力强、稳定耐用、成本低廉等特点，成为茶叶农药残留检测样品前处理新材料之一；石墨烯在茶叶农药残留检测中具有良好的应用前景，3D 壳聚糖 - 石墨烯对儿茶素单体、咖啡碱的吸附能力分别是 PSA 的 10 倍和 7 倍，且吸附色素效果明显好于 PSA 和 C18，与 GCB 相当。茶叶农药残留高通量检测技术得益于质谱技术飞跃发展，尤其是四级杆串联质谱和高分辨质谱在灵敏度和选择性上取得的新突破。茶叶中几十至一百多种农药残留气相色谱—串联质谱检测技术相继开发，该技术解决了非极性多农残同步分析的瓶颈，也克服了传统方法假阳性等误判，提高了方法的准确度。液相色谱串联质谱技术克服了液相色谱检测灵敏度不足，选择性差等缺陷。茶叶中 653 种农药残留 GC-MS 和 HPLC-MS/MS 检测方法开发成功，并系统分析了前处理条件、仪器参数和方法适用性。茶叶农药残留速测技术研究进展主要是基于纳米金、拉曼光谱监测技术的开发与应用。有专家采用纳米金标记、拉曼光谱监测技术，在线监测茶树鲜叶表面农药降解行为。

2）重金属元素总量检测技术趋向于快速、无损的多元素检测。电感耦合等离子体质谱仪已广泛应用于多元素的检测；在前处理方面，微波消解凭借其高效快速、试剂用量少、环境污染小等优点，已经成为主要的消解方式，针对痕量及易挥发元素（如砷、汞）的总量检测，优势尤为明显；茶叶中元素的价态和形态分析成为热点，“ICP-MS”联用技术研究也已逐渐展开，例如IC-ICP-MS联用分析茶叶中砷的形态、铬的价态，HPLC-ICP-MS联用分析茶叶中硒的不同形态，联用技术已经成为茶叶中元素价态形态检测分析的主要手段，并且已经取得研究结果。

3）溯源技术是通过对茶叶中化学成分包括有机化合物和矿物质元素进行分析，结合化学计量学方法，实现茶叶真伪、产地溯源。近几年，茶叶产地溯源技术方面取得显著进展。用于茶叶产地溯源技术包括稳定同位素比质谱、电感耦合等离子质谱、近红外光谱、高效液相色谱、气相色谱、电子鼻、电子舌等仪器进行成分分析，采用数学方法建模，完成了对不同产区龙井茶、碧螺春、普洱茶、红茶等的溯源，取得了较高的判别准确率。茶叶质量安全追溯体系取得较快的发展，通过引入二维码、RFID、传感器、无线传感网等物联网新技术，开发了覆盖茶叶生产、加工、销售等全产业链的溯源系统，在局部地区开始得到应用，实现从产地到茶杯的全程溯源管理。

4）茶叶品质成分鉴定主要从茶叶色泽、香气、滋味三方面开展研究。随着仪器设备的进步，对茶叶品质成分的研究更趋深入，液相质谱、气相质谱等已经获得广泛的应用，品质化合物的定性手段逐渐成熟，茶叶品质成分库初步建立。在茶叶滋味方面，已经开展了滋味成分互作规律的研究。在香气研究方面已经对龙井茶、乌龙茶、红茶、白茶、黄茶、黑茶（普洱茶、六堡茶、砖茶等）进行了成分分析，另外嗅辨仪逐渐应用于茶叶香气研究中。开展了电子舌、电子鼻、近红外光谱等技术在茶叶品质分析方面的应用研究，通过这些技术获取各类茶叶品质特征参数，寻找更好的信息采集技术和建模方法对茶叶品质进行评价是近年来的持续研究热点。

2. 茶叶标准体系建设

建立了四级标准制度。现有茶叶国家标准168项，行业标准（含农业、供销、商业、进出口检验检疫）154项，地方标准250项，企业标准约10000项，形成了由国家、行业、地方和企业四级标准构建的茶叶标准体系。茶叶基础性标准逐步完善，如茶树种苗、茶鲜叶要求、茶叶分类和安全限量等基础标准。产业链标准不断延伸，如创新性产品茶制品、茶粉等产品标准，为规范新产品的标准化生产起到主导作用。农业部行业标准涵盖产地环境、标准化茶园、茶叶生产技术、茶叶加工技术、贮运包装等，实现了茶产品从茶园到茶杯的全程质量控制。

持续推进茶叶国际标准制订工作。ISO/TC34/SC8农业食品技术委员会茶叶分技术委员会先后推荐制定了相应的茶叶国际ISO标准24项。近年来主要制定绿茶、乌龙茶的ISO标准，我国参与并主导这些标准的研究，着手将理化成分作为茶叶分类的依据。

3. 茶叶质量安全风险评估

我国对茶叶中污染物的评价实现了从危害评估向风险评估的转变，非致癌化学污染物暴露风险评估模型被广泛采用。膳食消费量是开展茶叶中污染物膳食暴露风险评估的关键参数，2013年国家食品安全风险评估中心开展的调查获得了我国9省（市）茶叶消费量的数据，2016 年又对西藏、青海和内蒙的边销茶消费量进行了调查。开展了中国居民膳食稀土风险评估，依据评估结果取消了茶叶中稀土的限量。2010 ~ 2017 年间，茶叶新增的 39 项农药残留限量均经过风险评估的程序获得。2012 年农业部启动了国家茶叶产品质量安全风险评估重大专项，相继对茶叶中农药残留、植物生长调节剂、铅、铬、镉、汞、砷、氟、稀土和高氯酸盐等开展了风险评估，为政府监管、产业发展和消费解读发挥了作用。

4. 茶叶质量安全与风险控制研究

1）不断认知农药代谢产物，水溶性农药得到控制。乙酰甲胺磷、乐果、吡虫啉、啶虫脒、氟虫腈、丁醚脲、甲基硫菌灵等农药及其降解产物在茶叶中残留规律得到深入研究，母体农药及其降解产物在茶叶种植、加工与冲泡过程中的迁移转化规律已逐渐清晰。研究结果完善了我国茶叶农药残留限量标准，将茶叶中最大残留限量规定为农药降解产物与母体化合物总和，如乐果与氧乐果、丁醚脲与丁醚脲脲。茶叶中水溶性农药得到有效控制，低毒、低残留、浸出率低的农药，如唑虫酰胺、虫螨腈、茚虫威等农药在茶园中推广使用面积达 394 万亩，有效降低了茶叶中高浸出率、对环境高风险的新烟碱类农药在茶园中的使用。色板、杀虫灯等物理防治技术在茶园中的广泛使用，达到了减少化学农药的绿色防控效果。

2）茶叶中氟、铅和稀土元素控制技术得到应用。茶叶中金属元素主要来源与土壤和茶树本身富集作用。茶叶中氟、铅和稀土元素的含量高低主要与茶叶的粗老度成相关关系，此外与加工过程有关。茶叶中控制氟的主要方法有调整采摘茶叶的老嫩度；筛选低富集氟的茶树品种，像“中茶 108”、“中茶 302”、“香波绿 2 号”、“茗丰”等；采用降氟剂改良茶园土壤；调节茶园施氮量控制茶新梢中氟含量。茶叶中的铅主要通过改善加工环境，降低灰尘带来的污染，选用含铅量低的加工机械，减小加工过程的污染。稀土主要来源于土壤，自然状态下，稀土元素可通过根系—土壤界面进入茶树等植物，并且可向上转移到叶片等部位。在茶树生长过程中会不断富集土壤中的稀土元素，主要积累在茶树叶片中。一般而言，茶鲜叶成熟度越高，内含稀土含量越高。通过中国居民稀土膳食风险评估表明，无论是一般人群，还是高暴露人群，稀土元素的暴露量不会对饮用者的健康构成潜在风险，《食品安全国家标准植物性食品中稀土元素的测定》（GB 2762—2017）发布，稀土限量指标取消，消除了稀土在茶产业发展中的困扰。

二、国内外比较分析

1. 检测技术不足

1）茶叶农药残留检测前处理技术自动化程序低，高通量样品前处理技术有待于进一步提升；茶叶农药残留及其代谢产物精准识别与定量分析技术有待于进一步完善，高分辨质谱数据尚需开发，缺乏茶叶农药残留完整的色谱—质谱分析平台；茶叶中农药残留现场、快速检测技术处于起步阶段，缺乏准确、可靠、高灵敏的快速检测技术。

2）溯源技术手段和方法基本上与国外相似。从茶叶矿物质元素分析、稳定同位素分析、有机组分分析所用的大型仪器设备紧跟国际的步伐，化学计量学方法的研究也与国外研究水平相当。但在茶叶质量安全追溯体系的建立方面，发达国家主要通过建立危害分析与质量安全关键控制点来规范产品的生产，或通过明确食品安全“责任”促使生产者提高质量管理水平。与发达国家相比我国依赖硬件的管控，国外主要通过软件和诚信责任来管控。

3）与国外风味化学的研究相比，国内的研究深度还不够。即使质谱已经广泛的应用于研究过程中，但是高分辨质谱、飞行时间质谱、二维气相质谱应用较少，导致了研究过程中化合物的准确定性、定量还有局限，香气前处理收集手段不足，导致了香气的准确定量仍然是目前的主要研究瓶颈。同时受限于电子鼻、电子舌的研发进展，品质鉴定发展速度也较慢，在离子迁移谱等新仪器的应用上落后于国外同行。

2. 质量标准缺乏系统性

1）我国茶叶标准数量远超过任何产茶国，但制定部门多，重复性多，呈现碎片化现象，不仅浪费资源和人力，同时也缺乏系统性。如农业行业发布茶叶包装、运输和储藏通则后，供销部门随后发布茶叶包装通则和茶叶贮存通则，随后又发布茶叶贮存国家标准。目前国家标准由多个部门发布，除安全限量标准由卫生部和农业部发布外，国家标准化委员会、国家质监局等也发布国家标准；茶叶行业标准发布的部门更多，除农业部外，还有质检总局、检验检疫局、供销社、轻工部、工信部等多个管理部分都发布行业标准，这些标准之间存在交叉和重复，甚至技术指标要求不一，管理处于混乱状态。尽管标准数量多，但使用频率都不高，除产品标准、环境标准外，其他过程标准较少被生产者使用。

2）中国茶叶国家标准农残限量的项目数量与限量要求与发达国家存在差距。欧盟制定了 483 项茶叶中农残限量，其中 441 项指标的限量为方法检出限，占 93.2%，对未规定限量的化学物质一律按 0.01mg/kg 限量要求执行，近年欧盟还增加了蒽醌、高氯酸盐等非农药污染物限量要求。欧盟标准不仅对农药残留项目要求最多，而且限量要求极其苛刻。日本是茶叶生产国，日本肯定列表规定了 798 项农用化学品的限量，其中茶叶中农药残留 230 项，除此以外实行一律标准（0.01mg/kg）要求。从日本和中国共有的 48 项农药残留中分析，14 项严于我国，24 项宽于我国，10 项持平，但数量上远多于我国。从发达国家对茶叶的农药残留要求高的标准来看，我国还存在一定差距。

3. 风险评估研究有待加强

目前我国使用的评估方法以点评估为主，虽然步骤简单，但仅能定性地反映风险水平，而可以定量反映风险水平分布的概率评估法使用较少。评估中所需要的关键数据我国居民的茶叶消费量较为缺乏，且分散在各政府部门和研究机构，未得到充分的数据共享。我国开展的风险评估对象仍集中在传统的危害因子，如农药残留、重金属和氟等，对新型危害因子（环境污染物、生物毒素和包装污染物等）刚刚起步，研究尚浅。

4. 有害物质控制技术开发不足

1）农药残留控制方法开发不足。尽管茶叶中高毒农药通过禁用或替代技术等手段得到有效控制，然而，茶叶及其茶制品中农药残留降解技术研究非常有限，目前尚未形成一套完整的去除（或降低）茶叶中农药残留技术。

2）元素调控技术发挥作用有限。茶树是多年植物，茶叶产品以各种不同嫩梢加工而成，元素积累水平不同，当前对各种元素的分布研究不透彻，浸出规律未系统性研究，特别是对元素的抑制机理不清，调控技术的作用发挥有限。

三、发展趋势与展望

1. 发展趋势

1）检测技术

茶叶农药残留检测技术的发展方向主要包括：一是高通量精准定量分析技术；二是茶叶农药残留代谢产物或降解产物的识别与定量分析技术；三是便携式快速检测技术。高分辨质谱技术在茶叶高通量精准检测技术、未知物筛查、代谢产物或降解产物识别等方面将发挥重要作用，高分辨质谱数据库的构建、代谢产物与降解产物结构解析等研究是高分辨质谱在茶叶农药残留检测技术取得突破的关键。茶叶农药残留快速检测技术尽管处于起步阶段，并且存在一定的难度，探寻适用于复杂基质农药残留快速检测新技术是推进茶叶农药残留快速检测技术的关键。

重金属注重“+ICP-MS”应用，将一些仪器作为分离器，ICP-MS 作为检测器进行联用，共同对研究内容进行表征。进一步提高复杂基体元素超痕量分析、同位素比值及形态研究，环境领域中分析污染物（如 $PM_{2.5}$）成因、迁移规律以及对人体影响机理方面进行研究是未来的研究重点。

多种检测技术联合使用，提高溯源判别准确率。已有研究表明利用稳定同位素、多矿物元素、有机组分分析等检测技术可以进行茶叶产地溯源和种类鉴别，但各方法都存在一定的局限性。多种技术联合使用，以提高准确度是未来溯源技术发展趋势。溯源技术的发展一方面离不开茶叶成分分析检测技术的发展，高分辨质谱、代谢组学方法、DNA 溯源等未来将运用到茶叶溯源技术中去。另一方面，目前茶叶质量安全追溯体系的建设存在成本高、溯源平台单一、溯源信息量少且不完整等问题，未来将建立全国性的质量安全追溯体系，实现信息共享，互联互通，快速溯源。

茶叶品质成分的鉴定将依托于新仪器的发展，在成分化合物的定性、定量两方面都将有快速的变化。过去无法收集、分离的化合物随着仪器的进步被鉴定出来，一些未知的大分子化合物可能被发现，茶红素的化学结构进一步被探明，茶叶品质成分化合物库进一步完善。

2）标准体系与风险评估

加强标准系统性研究，完善我国标准体系。国家标准应围绕质量安全和产品质量展开，通过风险评估科学地制定茶叶的农药残留和污染物限量标准，保障消费安全。科学划分茶叶类别，对产品标准进行梳理和归并，对新产品进行标准化规范，完善茶叶产品标准；围绕区位优势、产品功能，研究不同区域和不同产品的生产、加工和贮存技术规程，完善标准体系。

制定国际通行的安全限量和品质指标。积极参与茶叶国际标准制修订工作，共同推动茶叶国际标准化进程，提高中国茶叶产业在国际标准化领域的影响力和话语权。对一些造成我国茶叶出口影响较大的安全因子进行风险评估，向国际组织提交评估报告，制订符合贸易规则的限量标准；同时对国内产品进行大规模的调查和分析，提出满足消费者的品质标准。

风险评估方法由点评估向概率评估发展，评估中将浸出规律纳入暴露量计算成为规范，形成茶叶特色的风险评估方法。评估对象由传统危害因子向新型危害因子发展，开展多环芳烃、邻苯二甲酸酯、高氯酸盐等的风险评估；由单危害因子向多危害因子发展，开展茶叶中多农残（新烟碱类、拟除虫菊酯类、有机磷类和氨基甲酸酯类）的累积风险评估。

2. 重点研究任务

1）检测技术

创制适用于茶叶农药残留检测的新材料，开发茶叶中高通量、自动化样品前处理技术为主；搭建茶叶农药残留检测色谱质谱分析平台，实现高通量精准定量分析；构建茶叶农药残留大数据库，非靶向筛查茶叶农药残留及其代谢产物；开发茶叶农药残留快速分析技术，改变茶叶现场监测技术缺失的现状。

重点建立和优化硒、铬、砷等对人体影响较为明显的具有不同价态形态的重金属元素的相关检测方法研究，以及开展相应元素在茶叶中分布特征、迁移行为以及转化规律研究。

重点研究消费者难辨真伪的名优茶叶溯源技术。以外形相同、产区相近的名优茶（如西湖龙井、大红袍等）为研究对象的产地溯源技术。开展产地环境与茶叶内含成分含量相关性研究，明确地域特征因子。构建名优茶指纹特征数据库和产地溯源判别模型。以多种溯源技术结合方式，提高判别准确率。溯源方式从传统的理化性质的检测转变为分子水平上的检测，不断加强茶叶质量安全追溯体系的建设与推广应用研究，从“茶园到茶杯”全过程控制。

通过新仪器的应用，逐渐提高品质成分鉴定的准确性。应用高分辨液相质谱、二维气相质谱、高分辨气相质谱等，进一步探明茶叶中品质化合物的种类和数量，研究不同茶类中相应化合物的类型和含量，建立不同茶类的品质成分化合物库，并将相关分析结果进一步应用于茶叶产地鉴别、质量鉴别等领域。

2）标准与风险评估

逐步建立数字化的品质评价方法和系统。通过不断完善的茶叶品质化合物定性、定量研究手段，逐渐成熟的电子鼻、电子舌、离子迁移谱等仪器，结合感官审评，研究茶叶中特征成分的品质评价指标及其含量与品质属性之间变化规律的联系，逐渐建立茶叶质量的数字化评价方法和系统。

提高质量安全水平。针对我国茶叶出口受阻情况，加强国内外标准的比较研究，加强茶叶中风险污染物来源、污染途径和风险评价工作，评估中国茶叶质量安全风险。针对茶园登记和大量使用的农药和风险元素开展风险评估，提出限量标准建议。

3）产地环境污染基础研究与控制技术开发

重点开展多环芳烃、邻苯二甲酸酯、双酚 A 与四溴双酚 A、高氯酸盐等环境污染物在茶叶中发生规律与迁移行为研究，解析污染物来源，分析茶叶环境污染物关键控制点，开发茶产地环境评价与控制技术。

参考文献

[1] Chen H，Yin P，Wang Q，et al. A Modified QuEChERS Sample Preparation Method for the Analysis of 70 Pesticide Residues in Tea Using Gas Chromatography–Tandem Mass Spectrometry [J]. Food Analytical Methods，2014，7：1577–1587.

[2] Hou R，Zhang Z，Pang S，et al. Alteration of the Nonsystemic Behavior of the Pesticide Ferbam on Tea Leaves by Engineered Gold Nanoparticles [J]. Environmental Science & Technology，2016，50 (12)：6216–6223.

[3] Han Z X，Rana M M，Liu G F，et al. Green tea flavour determinants and their changes over manufacturing processes [J]. Food Chemistry，2016，212：739–748.

[4] Li X，Chen Y，Ye J，et al.Determination of different arsenic species in food-grade spirulina powder by ion chromatography combined with inductively coupled plasma mass spectrometry [J]. Journal of Separation Science. 2017，40 (18)：3655–3661.

[5] Ma G，Zhang Y，Zhang J，et al. Determining the geographical origin of Chinese green tea by linear discriminant analysis of trace metals and rare earth elements：Taking Dongting Biluochun as an example [J]. Food Control，2016，59，714–720.

撰稿人：刘　新　汪庆华　陈红平　马桂岑　章剑扬
王　晨　童华荣　张颖彬　陈利燕　鲁成银

茶产业经济研究进展

近年来，随着我国茶产业的快速发展，茶产业经济研究不论是理论和方法还是研究的深度和广度都取得了显著进展。研究主题与内容具有鲜明的时代特点，产业发展方式、品牌构建、消费行为等成为研究热点，茶叶生产、流通、分配和消费等环节作为研究重点，研究范围涉及茶叶生产经济、茶叶消费经济、产业制度等领域，研究内容包括我国茶叶规模经济定量研究，茶产业组织经济研究，茶叶技术经济研究；茶叶消费基本规律、影响因素及消费特征研究，茶叶需求定量分析与预测研究，茶叶市场营销战略研究；产业政策效果评价与优化路径研究，茶叶产业发展制度设计研究，茶产业经营体制研究等。

一、发展现状和进展

1. 茶业生产经济

（1）茶农经济研究

近年来，茶农福利及茶农生产经营行为引起了学者的关注。生产成本增加、市场需求开发不足、茶叶资源利用率不高等是茶农增收的主要制约因素。从交易费用的视角看，紧密型垂直协作模式有利于茶农增收；提高茶农科学文化素质、生产经验及技术水平，防止茶产业副业化有利于提高茶叶生产绩效。

随着消费者对茶叶质量安全问题关注度增加，茶农安全生产行为也受到研究者的关注。一些研究发现，茶农的茶叶种植收入水平、受教育程度是影响茶农安全生产行为的内在动力因素；接受茶叶生产安全知识培训和参与茶叶经济合作组织是外部推动因素。注重农村教育和技术培训、构建农业技术推广体系、规范农药市场管理、拓宽渠道增加农户收入、加快土地适度规模流转等，是从源头上有效解决茶叶质量安全供给隐患的基本措施，也是改善农村生态环境的重要路径。

（2）企业经济研究

目前，我国茶叶加工企业规模普遍较小且经营效率低下，规模较大企业相对于规模较小企业有明显的效率优势，适度扩大茶叶加工企业规模有利于其生产经营效率的提高和整个产业的可持续发展。茶叶产销不平衡背景下，茶叶企业多元化经营意愿除了受企业自身经营状况、技术难度和预期收益的影响，也与企业对市场前景判断相关。目前，茶企对涉茶多元化经营收益能力的预期较为消极，开展多元化经营、延长茶产业链仍面临着不少困难。资金短缺、融资困难和融资成本高已成为制约茶叶企业进一步发展的“瓶颈”。

（3）技术经济研究

研究表明，我国茶产业全要素生产率（TFP）增长主要来自技术进步，但技术效率和规模报酬率出现一定程度退步，阻碍 TFP 的增长，且我国茶叶生产一直处于规模报酬递减状态。我国茶叶生产的技术效率随时间波动且地区差异明显，要素投入、茶园规模等因素对茶叶生产的技术效率有显著影响。

（4）茶业组织研究

茶叶专业合作社是减小茶农市场风险、提升茶农素质、增加茶农收入的重要组织模式。茶农参与合作社的行为受到多方面因素的影响，有其内在规律性，农民专业合作社要与当地的特色优势农产品紧密联系，并与村域经济发展相协调。茶园家庭农场的发展受诸多因素影响，从农户经营意愿来看，受教育程度高、农业收入占家庭总收入的比重大、经营规模大、预期产出高等因素有利于提高农户经营茶园家庭农场的意愿，但是预期投入高将降低茶农的经营意愿。

2. 茶叶消费经济

（1）消费者行为研究

近五年茶叶消费者行为研究主要集中在产品偏好、消费意愿、消费量的影响因素等方面。系列研究表明，前五大茶叶消费品类为铁观音（19.29%）、龙井茶（15.9%）、普通绿茶（12.07%）、碧螺春（11.4%）和茉莉花茶（9.06%）；不同性别、年龄、地区和收入的人群，茶叶品类的偏好有显著性差异；北京市茶叶消费量比重最大的是花茶，其次是绿茶；福建最受欢迎、消费量最大的为乌龙茶，主要为铁观音和武夷岩茶；广州市消费者对普洱茶的消费支出最多，其次是乌龙茶。随着近几年茶叶产能结构性过剩风险加大，如何扩大国内茶叶消费也成了研究热点。一方面从扩大消费人群入手，研究不同消费群体（特别是年轻群体）对茶叶的消费意愿；另一方面从提高现有消费者的消费水平入手，研究影响个人茶叶消费量的影响因素。国内对个人茶叶消费量的影响因素研究大多是基于西方消费者行为的二因素论、三因素论及四层面说，但在因素分类上并不拘泥于理论中的划分方法。一般认为，消费者的饮食习惯、生活情趣、收入水平、文化程度、从事职业等自身因素，及社会环境、茶文化普及程度等外部因素，都会影响茶叶的消费量。个人习惯，文化、消费观念，地域等因素对茶叶消费量的影响只是短暂的，收入对茶叶的消费量增加更为直接，随着收入的增长，居民对于茶叶的消费量增加，对于茶叶品质的要求也相应提高。

（2）消费市场与营销策略研究

消费者在进行茶叶消费时，不仅会考虑茶叶的价格和口感，而且更关注其整体质量以及其养生健康功能，尤其是城市消费者更加关注茶叶所蕴含的文化寓意和健康价值。现阶段，品牌已是现代消费者在进行茶叶消费时一个重要的考虑因素，知名的消费品牌能够引起消费者的信任和依赖，品牌性消费的效果明显要优于零散性的茶叶消费。相应地，茶企要根据茶叶市场的消费特点，对消费主体、消费方式、销售渠道等各方面认真研究，基于经典的4P理论，在重视产品策略、价格策略、渠道策略和促销策略的同时，采取适宜的绿色营销策略、品牌营销策略和文化营销策略，以适应特殊的产业环境和消费需求，实现由被动销售向主动营销转变，实现长期可持续发展。

3. 茶叶流通与贸易

（1）流通渠道变革研究

随着我国茶产业的迅速发展，茶叶流通逐渐呈现出流通主体多元化、流通渠道多样化、流通手段现代化的趋势。“十二五”期间，我国电子商务高速扩张，多个根生于电商领域的“淘品牌”应运而生，也引起了学者的关注。2015年某网站“双十一”茶叶类交易数据显示，成交商品数、店铺数量、活跃店铺数以及关注人数等均呈现上升态势。但是，电子商务运营模式不清晰、电商专业人才缺乏、运营成本高、茶叶标准化信用体系缺失、创新意识缺乏等，是当前茶叶企业开展电商面临的主要困境。茶叶企业应借助网络文化助推茶叶销售，把握消费偏好，精选茶叶品种，注重网络消费调研，聚焦核心购买人群，依托关联产品拓展销售渠道，以此全面提升茶叶电子商务营销的策略水平；借助区域品牌，突出品牌差异化诉求，细分消费群体，确立综合的营销模式。

（2）批发市场转型升级研究

基础设施不完善、交易方式单一、市场功能不完备、流通主体规模偏小、茶叶品牌缺少、市场内部管理不规范等问题是我国传统茶叶流通市场进一步发展的制约因素，中国茶叶批发市场成长需要转型升级。以价值和效率提升的新模式必将替代落后模式，茶叶批发市场的发展需从清晰地定位、服务转型、市场功能创新、改善经营环境和培育知名商誉等方面进行。从我国茶叶产地批发市场在茶产业发展中承担的功能及存在的问题来看，必须要注意交易方式、管理模式、盈利方式等创新，进一步完善市场的组织生产功能。

（3）茶叶贸易研究

对于茶叶国际贸易与国际市场需求研究，国内主要是从世界茶叶供需数据、竞争力分析以及贸易壁垒等方面入手，进而探讨我国的茶叶出口提升策略。在生产成本上升，技术性贸易壁垒日益增多的情况下，我国茶叶出口竞争力并不强。要提升竞争力，增加出口创汇，需要保障我国茶叶出口的质量安全水平、丰富茶叶品种、实现产品的差异化、进行精准的市场定位、强化我国茶文化的宣传与推广。

尽管过去 10 年，农产品的平均税率一直在下降，但食品安全标准正成为农业贸易的主要障碍。商务部调查显示，我国有 90% 的农业及食品出口企业受到技术性贸易壁垒与绿色贸易壁垒的影响，造成每年约 90 亿美元的损失，出口受阻的产品从蔬菜、水果、茶叶到蜂蜜以及畜产品和水产品。

欧美和日本等发达国家凭借其先进的科技发展水平和国际贸易中强大的话语权，对发展中国家设立了许多技术壁垒，茶叶作为我国特色出口农产品尤其受到技术壁垒的影响，最有代表性的就是欧盟的农药残留标准和日本的肯定列表制度。从短期来看，由于信息掌握不及时导致生产企业反应滞后，加上茶叶生产的周期性，技术性贸易壁垒损害了贸易公平，降低了中国茶叶出口竞争力。从企业的劳动、资本、技术等各要素均可以充分调整的长远来看，技术性贸易壁垒要求出口厂商必须改进产品品质、提高技术水平以实现低成本路径的贸易利润最大化。企业在经济利益的强大刺激和激烈竞争压力下，被迫进行自主创新和引进消化吸收国外先进技术，通过再创新增强产品竞争力，进而对出口贸易产生正面影响的作用。因此，对于出口国而言，要积极利用技术性贸易壁垒促进技术进步的正面效应，加快产业技术升级是最终突破壁垒的根本途径。

4. 茶产业制度与产业政策

（1）茶叶品牌培育与公共品牌管理研究

在茶叶品牌培育研究上，主要是从基本内涵与属性特征、培育机理与影响因素、建设实践与管理实施策略、品牌传播与营销等方面入手，阐述如何塑造大品牌，整合资源和获取品牌收益。在茶叶公共品牌管理上的研究，一是侧重法律法规制度的探讨，认为应该完善相应的法律制度和技术标准。二是站在市场的角度，以信息经济学和产权经济学原理，解释公共品牌普遍存在“搭便车”问题的主因是信息不对称和产权不清晰，而相关的解决措施多数学者认为明确产权归属是关键，其次应该改变共享主体间的博弈规则和结构，或者是建立纵向一体化唯一的经营主体，使用拍卖或者期货等方式增加交易的透明度等。三是从地方主体角度，研究品牌结盟的途径，提出品牌共享的方式。现阶段，茶叶公用品牌的市场监管，以及与企业品牌的关系处理存在较大难度，期待有更多的专家学者对其关注和研究。

（2）发展战略与模式研究

近几年，茶叶产业进入深度的结构调整期，关于茶业发展战略与发展模式的探索相对增多。有宏观战略探讨，研究茶业三产融合发展；有针对某一地域现实的发展模式评估，如信阳市茶叶发展的 5 种主要生产经营模式效益综合评估，福建省茶叶产业链运行绩效；也有地方发展策略研究，诸如陕西茶业发展研究、雅安市生态旅游开发、信阳市茶叶深加工发展、安溪县茶产业发展战略与转型升级研究等。

（3）茶叶质量安全规制研究

对于保证茶叶质量安全，目前在生产端的研究主要是从生产加工过程存在的质量安全问题，茶农的生产安全认知、绿色植保技术采用，以及组织化生产决策，各生产主体的合作与博弈等方面入手分析。流通端的研究则是针对政府的市场监管策略制定与实施和保障体系的构建。消费端的研究则是针对消费者对茶叶质量安全标识的认知与支付意愿，风险防控意识与应对选择等方面展开。

（4）茶产业政策研究

现阶段在茶产业政策研究上主要是两个方面，一是探究历史上我国的茶产业政策与当时的政治、经济、文化等的关系，以及对茶业本身的意义。二是对我国当前茶产业政策的研究分析与完善建议。按照国家大政方针，结合地方实际，根据指向主体的现实需求而提出政策建议。如在茶农带领方面，主要是帮助农户进行组织化生产，为其提供竞争性技术服务，进而达到茶农增收的目的；在企业引导与规制方面，主要是企业卫生安全法制建设、有机茶生产激励、销售税收征收等。总的来说，我国的茶叶产业政策引导目标是优化产品结构、提升茶农组织化程度、构建茶产业发展优势区域、增强区域竞争力，使资源得到综合利用，提高产业整体效益。

二、国内外比较分析

国际茶产业经济研究的焦点主要集中在两方面，一方面为了应对茶叶生产中不断提高的人工成本，如何通过技术创新、机械化等提高生产效率，降低生产成本；另一方面为提高本国茶产业市场竞争力，同时为了促进茶叶消费，消化不断增长的茶叶产量，关注茶叶消费市场，从消费者行为特征、消费偏好及其影响因素等，以期为促进本国茶叶消费提供依据。国内学者主要立足中国实际，注重解决当下中国茶产业发展中出现的问题和面临的挑战，从茶农安全生产行为、茶叶产业组织和茶叶市场策略及消费者行为等方面进行了理论与实证分析。国外的研究主要集中在本国茶叶竞争力和茶叶消费等方面。印度近年因日益增长的人口拉动作用，茶叶消费量不断增加。过去的 15 ~ 20 年，印度茶叶消费者饮茶习惯和生活方式发生了很大变化，人们越来越注重茶叶的品质和品牌，促销策略的作用越来越明显，品牌化已成为印度茶叶企业开拓其国内茶叶市场的重要途径。茶叶的品质、品牌和价格等因素都显著地影响印度茶叶消费者的消费行为。斯里兰卡茶叶消费者行为也发生了很大变化，产品、市场和生活方式变化是导致消费者行为发生变化的主要因素。韩国绿茶消费者购买动机主要是健康、社交需要、喜欢喝茶、提神。肯尼亚茶叶企业通过技术创新，采用机械采摘替代人工的方式，以提高茶叶产量，降低企业成本，从而提高收益。创造附加值、获取市场和金融信息，以及持股是印度尼西亚茶农参与合作社的主要因素。由于缺乏资金和现代机械，随着生产成本增加，以及受制于茶叶质量检测技术水平，孟加拉国茶叶生产的比较利益降低。

三、发展趋势与展望

当前我国茶产业供求失衡风险日渐显现，调整发展方式、化解供求失衡风险成为“十三五”期间茶产业可持续发展的重要任务。茶产业经济研究要坚持服务产业发展的研究导向，为茶业供给侧结构性改革提供更多的理论依据。今后需加强以下几方面的研究：①茶叶产业组织与政策：找出制约茶叶产业组织整合的关键因素，强化茶农的组织化方式和产业利益分配机制研究，总结产业发展不同驱动模式的绩效，提出产业组织整合模式的制度设计建议；同时也要关注产业发展适度规模问题。②茶叶市场供求：开展国内外茶叶供求趋势预测研究，找出影响供求均衡的基本规律，促进产业健康平稳发展；加大对茶叶消费经济的研究，特别是要引入微观计量研究方法，加大已有消费人群的消费行为特征研究，关注潜在消费人群茶叶认知及其干预策略研究，为扩大茶叶消费提供科学的参考。③茶业技术经济：探索研究茶叶科技推广的最优模式，开展技术综合效益评价。特别是要关注产业全要素生产率、科技贡献率、技术研发优先序等方面的研究，加强技术推广模式效率研究，为确定产业科研方向提供依据。④茶叶品牌与流通经济：加大茶叶企业经济与品牌经济研究，重点关注企业经营与创新绩效、茶叶企业品牌培育策略与路径等内容；重点关注茶叶流通方式与流通渠道变革、茶产业商业模式构建、茶叶电子商务可持续发展等内容；结合国家“一带一路”倡议，研究中国茶叶走出去的基本路径与影响对策。

参考文献

［1］钱鼎炜．茶叶新品种技术扩散对不同农户收入的影响——以福建省茶产区农户为例［J］．农业技术经济，2012（3）：65-70.

［2］卫龙宝，李静．农业产业集群内社会资本和人力资本对农民收入的影响——基于安徽省茶叶产业集群的微观数据［J］．农业经济问题，2014（12）：41-47.

［3］姚文，祁春节．茶叶鲜叶交易中不同契约选择行为绩效实证分析——基于 9 省 29 县 1394 户茶农调查数据的分析［J］．林业经济，2011（3）：87-92.

［4］彭虹，蔡玮烽，陈元华，等．农产品质量安全视角下的茶农安全生产行为影响因素研究——来自福建省的数据［J］．内蒙古农业大学学报：社会科学版，2014（6）：27-31.

［5］侯博．茶农的农药施用行为及其主要影响因素研究［J］．云南农业大学学报：社会科学版，2012（4）：16-21.

［6］吴宏，李彦成．我国茶叶加工企业的适度规模与优化策略［J］．农业经济问题，2012（1）：93-97.

［7］余文权，孙威江，吴国章，等．茶叶企业多元化经营意愿影响因素的实证研究——以安溪县茶叶产业为例［J］．福建农林大学学报：哲学社会科学版，2012（2）：49-53.

［8］吕建兴，陈富桥．我国茶产业全要素生产率增长及其分解——基于随机前沿生产函数的分析［J］．技术经济与管理研究，2015（4）：117-122.

[9] 赵晓罡，李录堂，王恩胡. 茶农加入专业合作社的意愿及影响因素分析［J］. 贵州社会科学，2012（2）：80–83.
[10] 雷国铨，高水练，陈梅英. 茶业家庭农场经营意愿与培育策略研究［J］. 东南学术，2015（5）：155–161.
[11] 陈富桥，姜爱芹. 城市居民茶叶消费的产品偏好及其影响因素——基于 MNL 模型的微观实证［J］. 中国食物与营养，2013（10）：36–41.
[12] 刘畅. 北京茶叶市场消费行为分析及其营销策略研究［J］. 福建茶叶，2016（3）：67–68.
[13] 陈萍，王宇婷，管曦，等. 福建省居民茶叶消费行为调查［J］. 林业经济问题，2016（4）：369–372.
[14] 姜友雪. 城市居民茶叶消费行为影响因素实证分析——基于广州调查数据［J］. 茶叶，2013（3）：146–148.
[15] 管曦，杨江帆. 中国城乡居民茶叶消费对比研究［J］. 茶叶科学，2015（4）：397–403.
[16] 陈富桥，姜爱芹，姜仁华，等. 城市居民茶叶消费收入弹性研究——基于扩展线性支出模型（ELES）的估计［J］. 中国食物与营养，2014，20（6）：46–49.
[17] 蔡伦红，吴全，汤燚，等. 基于渠道权力理论的茶叶流通效率提升研究［J］. 西北农林科技大学学报：社会科学版，2012（5）：61–65.
[18] 梁冰. 关于我国茶叶电子商务的发展困境和应对策略的探索［J］. 福建茶叶，2016（9）：75–76.
[19] 陈富桥，姜爱芹，宋文娟. 产地农产品批发市场的功能及转型方向探讨［J］. 浙江农业科学，2012（5）：752–755.
[20] 吕连菊. 日本对茶叶实施技术贸易壁垒对中国茶叶出口的影响［J］. 科技管理研究，2015（4）：18–21.
[21] 李晓钟，李清光. 中国绿茶国际市场势力实证分析［J］. 国际贸易问题，2011（8）：24–31.
[22] Wei G，Huang J，Yang J. The impacts of food safety standards on China's tea exports［J］. China Economic Review，2012，23（2）：253–264.
[23] 梁天宝. 农产品地理标志品牌价值增长策略选择——以“英德红茶”为例［J］. 农业研究与应用，2013（1）：23–27.
[24] 陈太盛，钟诚. 茶叶区域品牌的成长路径和发展研究［J］. 台湾农业探索，2012（5）：39–42.
[25] 占辉斌，曹钦钦. 休宁松萝茶实施地理标志保护的可行性及运行机制研究［J］. 黄山学院学报，2012（2）：74–77.
[26] 周爱国. 茶叶品牌销售促进对品牌资产影响［D］. 福建：福建农林大学，2015.
[27] 刘晓彬，李蔚. 农产品产区品牌的经营模式及管理策略［J］. 农村经济，2014（4）：65–68.
[28] 谢向英. 福建白茶地理标志品牌结盟研究［J］. 农业经济问题，2011（1）：49–54.
[29] 刘春丽. 茶文化与旅游业融合发展的机制、模式与保障体系［J］. 农业考古，2014（2）：239–244.
[30] 郭亚军，刘东南. 信阳市茶叶产业可持续发展模式效益综合评价［J］. 华中农业大学学报：社会科学版，2011（4）：42–46.
[31] 高水练，余文权，林伟明，等. 茶叶产业链运行绩效影响因素的作用路径研究——基于福建省 1036 个样本数据［J］. 东南学术，2014（2）：121–129.
[32] 赵晓罡. 陕西茶产业发展研究［D］. 西安：西北农林科技大学，2013.
[33] 舒维霖. 茶叶主产区乡村旅游开发探析——以雅安市名山区为例［J］. 农村经济，2016（8）：52–55.
[34] 何学菊. 基于茶叶深加工的信阳茶产业可持续发展问题及对策［J］. 河南农业科学，2014（8）：146–148.
[35] 张文锦，王峰，翁伯琦. 中国茶叶质量安全的现状、问题及保障体系构建［J］. 福建农林大学学报：哲学社会科学版，2011（4）：27–31.
[36] 黄静，许振建，杜晓. 茶叶基地生产组织新模式探究［J］. 湖北农业科学，2011（08）：1709–1713.
[37] 吴永辉，姜含春，栾敬东，等. 茶叶供给质量保障与主体行为的博弈分析［J］. 安徽农业大学学报：社

会科学版，2015（1）：55–59.
[38] 严可仕，刘伟平，谢向英. 福建茶叶质量安全保障体系构建研究［J］. 林业经济问题，2013（05）：476–480.
[39] 陈富桥，姜爱芹，姜仁华，等. 消费者茶叶质量安全标识认知度及支付意愿研究［J］. 食品工业，2015（2）：240–243.
[40] 闫娜轲. 明清时期茶叶开中制度考论［J］. 农业考古，2013（2）：184–187.
[41] 罗文剑，吕华. 茶农增收的制约因素及其对策［J］. 农业考古，2013（2）：227–229.
[42] 杨江帆. 福建茶叶企业有机茶生产激励政策研究［J］. 东南学术，2011（3）：135–141.
[43] 申素熙，梁月荣. 中日茶叶产业政策导向比较及给韩国茶产业的启示［J］. 茶叶科学，2011（6）：552–560.
[44] JO Ongong'A，MA Ochieng. Innovation in the Tea Industry：The Case of Kericho Tea，Kenya［J］. Global Journal of Management and Business Research，2013，1（13）：52–67.
[45] Yuliando H，Erma K N，Cahyo S A，et al. The Strengthening Factors of Tea Farmer Cooperative：Case of Indonesian Tea Industry［J］. Agriculture and Agricultural Science Procedia，2015，3：143–148.
[46] K H. Domestic Consumer Market for Indian Tea：A Survey Report［J］. International Journal of Latest Trends in Finance and Economic Sciences，2012，2（3）：251–256.
[47] M Ghosh，A Ghosh. Consumer buying behaviour in relation to consumption of tea：a study of Pune city［J］. International Journal of Sales and Marketing，2013，3（2）：47–54.
[48] Kyung Heekim，Duk-Byeong Park. Segmenting Green Tea Consumers by Purchase Motivation in South Korea［J］. Journal of Agricultural & Food Information，2013，14：164–183.
[49] HHM Gayathi，HMKR Bandara，LP Rupasena，S Witharana. Factors Affecting Consumer Buying Behavior of Tea：Case Study in Western Province［C］. 8th Annual Research Symposium Proceedings. 2016.
[50] T Nasir，M Shamsuddoha. Tea Productions，Consumptions and Exports：Bangladesh Perspective［J］. International Journal of Educational Research and Technology，2011，2（1）：68–73.

撰稿人：姜仁华　姜爱芹　张　菲　陈富桥　胡林英　杜　佩　林梦星

ABSTRACTS

Comprehensive Report

Report on Advances in Tea Science Disciplines

Tea science is a comprehensive discipline researching on tea germplasm and breeding, tea cultivation, tea plant protection and tea processing, *etc*. The goal of this discipline is to lay the foundation for the development of tea industry.

Tea science in China has been developing rapidly in recent years. Researchers have made joint efforts in carrying out frontier research focusing on various fields of tea research. This report is a review on progress and advance in tea science in the past seven years (2010-2016), and a forecast of the development trend in near future.

In the field of tea germplasm resources, the National Germplasm Resources Nursery Hangzhou and Menghai branch have collected more than 3, 400 tea germplasms from home and abroad. Following on the ex-situ conservation of tea germplasm, new advances have been achieved on in-situ conservation, establishment of evaluation and appraisal technical guides, analysis of the genetic diversity on the morphological, chemical and DNA level, sampling strategy in the conversation biology of tea germplasm. 'Zijuan'(a tea tree with purple buds) in Yunnan province, 'Zhonghuang' (a tea tree with yellow buds) series in Zhejiang province and 'Huangjincha' (a tea tree with high content of amino acids) series in Hunan province are successful cases of special tea germplasm development and utilization. The mining of stable and main QTLs, functional genes, and beneficial alleles of important agronomic traits, the biosynthesis pathway of catechins and alkaloids provides the possibility of molecular breeding in tea plant.

In tea plant molecular biology, the research strategy represented by 'omics', such as genome, transcriptional group, protein group and metabolic group, have been applied since 2010. Chinese scientists were the first to have completed the whole genome sequencing of tea tree in the world. Studies on tea secondary metabolism revealed two-step galloylation of a catechin molecule and its regulatory genes. Functional characterization and expression patterns of multiple structural and regulatory genes in phenylpropanoid and flavonoid pathways have been conducted. Genes encoding N-methyltransferases in tea have been examined for their roles in caffeine biosynthesis. Both glutamine and ethylamine were found as indispensable precursors for tea theanine biosynthesis, which can be catalyzed by glutamine synthase. Molecular mechanisms controlling tea terpenoid volatiles have been studied and implementation of linalool/nerolidol synthase gene in the two terpenoid volatile biosynthesis in tea plants has been demonstrated, with involvement of alternative transcription splicing regulation. Signaling mechanisms underlying tea plant responses to stress conditions with involvement of miRNA regulation have started to be revealed. Transcriptomic changes due to herbivoery and pathogen damages have been explored in depth. In addition, some tea genes related to abiotic stress resistance such as E3 ubiquitin ligase and dehydrin genes have also been studied. Moreover, molecular mechanisms of reproductive biology in tea plants have started to be elucidated and ubiquitination pathway and Ca^{2+} signaling pathway were found to be involved.

In tea plant breeding, the diversified demand of tea consumers led to the changes in research priorities towards diversification, precision and specialization. In order to obtain broad and excellent mutants for breeding selection, both traditional and new technologies were applied to innovate breeding materials. F1 generations with prominent heterosis were obtained by applying "artificial crossing with double-clone tea plants". Mutants with excellent characters including resistances to pests and diseases, as well as drought and cold hardness, low caffeine, high fragrance were obtained by applying new technologies such as ^{60}Co-gamma ray radiation technique, space mutation technique and transgenic technique. The application of metabonomics, proteomics and chromatographic techniques allows quality identification in tea breeding to be more accurate. The pest-resistance tea breeding was promoted by applying chemical ecology technology based on the interaction between tea plant and insects, resistance enzyme identification and related gene labeling technology. The identification of photosynthetic vitality and computer modelization technology improved the prediction accuracy of new cultivars' yield. During 2010 and 2016, 37 new clonal tea cultivars were authorized by national level identification, 56 new clonal tea cultivars were authorized by approval, identification or registration of provincial level, and 37 new clonal tea cultivars were authorized with new plant variety rights. The progress made in tea plant breeding technology has shortened the cycle of seedling raising and promoted the process of the cultivation of the asexual tea tree. The rate of tea fields cultivated with improved clonal tea cultivars reached 58.6% of national total tea fields at the end of 2016.

In tea cultivation, the in-depth study of tea soils showed some positive results, more attention has been paid to the important role of tea garden soil in the global carbon cycle. Molecular biological approaches are increasingly applied in studies of the community and evolvement of microorganism in tea soils. Meanwhile advancements in the evaluation of soil quality, the mechanism and ameliorative measures of soil acidification have been investigated. Recent progresses in the area of nutrition have greatly deepened our understandings of the impacts of nutrients such as nitrogen, phosphorus and potassium on the metabolism of quality components. The characteristics of nutrient absorption were elucidated at molecular and physiological levels, and putative genes of several nutrient transporters were cloned. Adoption of mechanical fertilization, fertigation and controlled releasing chemical fertilizers were recommended as measures of proper nutrient management to improve utilization efficiency while the environmental impacts of fertilization such as emission of greenhouse gases gained considerable attention. On the other hand, progresses were made in the field of safety of tea products as heavy metals and rare earth elements in the soils and their accumulation in tea plants are concerned. New progress has been made in the research of mechanized tillage of tea garden and apheresis technology of high quality green tea.

In tea plant protection, the main diseases and insect species of tea plant in China were reacquainted by molecular methods and morphological identification. The efficiency of physical control on pests was dramatically improved. By digitizing the most effective color, the standardized and efficient color sticky traps were developed for trapping tea leafhoppers. LED insecticidal lamp was developed according to the different spectrum of phototaxis between insect pests and natural enemies in tea plantation. Important progress was made in rational application of chemical insecticides on tea plants. The concept was first internationally proposed that the level of pesticide residue in tea infusion should be regarded as the evaluation index of pesticide safety and the drafting principle of maximum residue limits for pesticides in tea. A high-risk warning was proposed in China's tea industry about the high water-soluble pesticide, imidacloprid and acetamiprid. Meanwhile, several highly effective and low water-soluble pesticides were screened out as substitutes, and have been used broadly in the major tea areas of China.

In tea processing, great progress has been achieved in basic research of tea processing, upgrading of tea processing technology, equipment development and new product development since 2010. Systematic researches have been conducted on the theory and upgrading of tea processing technology, developing new equipments, exploring new products and so on, in order to save labor and improve product quality. A batch of continuous automatic tea processing production lines of green tea, black tea and oolong tea has been developed. The microbial fermentation technology of dark tea and color selection technology of made tea have made significant breakthroughs, and meanwhile the research on basic theory of tea processing has made massive progress.

In tea deep-processing, a series of new technologies such as enzyme engineering, ultrasonic extraction, microwave extraction, ultrahigh pressure extraction, subcritical, supercritical CO_2 extraction technology, reverse osmosis membrane enrichment, rotating centrifugal concentration, scraper film forming technology, low negative pressure evaporation technology, have been successfully used in the extraction of tea functional components. In terms of the production technology of instant tea, a series of new extraction, concentration, drying and forming technology and equipment have been developed, which has laid a more solid technical foundation for improving the flavor quality of instant tea. In the process of tea beverage production, various enzyme preparations have been successfully used to improve the concentration of tea juice and its taste quality and prevent the formation of sediment in tea beverages. The instant tea and RTD tea with some health benefits became the new development trend. EGCG, theanine, tea plant flower, tea seed oil were listed in China's new food resource catalogue. Tea food, functional tea leisure food, tea personal care products, tea wine and other new products of tea deep processing have been developed successfully, and have become trendy modern consumption.

In tea and human health, the research on the preventing function and mechanism of tea drinking has picked up its pace in recent years. Active areas of research include cancer prevention, prevention of cardiovascular disease, lipid lowering and weight reducing effect, prevention of diabetes, antibacterial and antivirus action and prevention of neuro-degeneration disease of human. And the health-protecting effects of tea are attributed to the groups of catechins, flavonoids and its glycosides, theaflavins, thearubigins, anthocyanidin, purines, phenolic acid and polysaccharides.

In tea quality and safety, rapid progress has been made in the quality standard, detection technology and risk assessment of tea. China's tea standards have been revised for three times, and the maximum pesticide residue limits in tea have increased to 48 items, which is stricter than the CAC standard. New progress has been made in efficient and accurate detection of pesticide residue. The improved QuChERS method was used to improve the purification effect of tea matrix. Some novel materials such as carbon nanotubes, Fe_3O_4 nanoparticles, grapheme, were used in tea matrix purification. The determination of a total of 653 pesticide residues in tea was achieved by using GC-MS/MS and HPLC-MS/MS. A method based on high-resolution mass spectrometry (TOF and orbitrap) for the multiresidue analysis of 272 pesticides in tea was also established. The chiral separation of enantiomers of epoxiconazole, indoxacarb, acephate and methamidophos was completed. ICP-OES and ICP-MS have become routine methods for elemental detection and are also used in element morphology and valence state studies. At the same time, study on the aroma compounds in tea became a hot topic. The application of electronic tongue, electronic nose, near infrared spectroscopy and other technologies in the tea quality analysis has deepened. Risk assessment of tea quality and safety has been launched in China. The dietary exposure of Chinese tea has been established. Risk assessments of pesticides such as emamectin benzoate and chlorpyrifos have been conducted with low safety risks. The fluorine and rare earth elements in tea were assessed. The rare earth limit has been removed from China's new national standard.

In the tea industry, the e-commerce has developed fast, and the relation between online and offline channels has changed from competition to mutual integration, which has enhanced tea consumption. With the expansion of the tea consumption market in China, the tea consumption structure has been constantly adjusting, in which young consumers have become a potential driving force. In the international market, the health and plant quarantine measures (SPS) have become main obstacles to Chinese tea exports; and industrial technology upgrading is the fundamental way to break through trade barriers. Against the background of increasing tea production, the effect of tea production cost has become a common challenge of the world's major tea producing countries. As a result, they hope to improve tea production efficiency, and to reduce production costs through technical innovation and tea mechanization.

In terms of global development of tea sciences, tea genetic transformation technology, functional genome studies, the precision breeding technology, and the mechanized production technology (such as mechanical picking, tillage and fertilizing, pest-controlling etc.) in China are still lagged behind. These research fields need to see reinforced interdisciplinary research and high-tech applications. Moreover, with China entering the new era of socialism with Chinese characteristics, it would be of the high priority to strengthen the research of green production, tea branding, and tea circulation channels change, aiming to serve the industry development.

Written by Jiang Yongwen, Xiong Xingping, Chen Zongmao, Chen Liang, Liang Yuerong, Liu Meiya, Cai Xiaoming, Liu Zhonghua, Wang Xinchao, Liu Xin, Zhang Fei

Reports on Special Topics

Advances in Tea Germplasm

In recent years, following on the *ex-situ* conservation of tea germplasm, new advances have been achieved on *in-situ* conservation, establishment of evaluation and appraisal technical guides, analysis of the genetic diversity on the morphological, chemical and DNA level, sampling strategy in the conversation biology of tea germplasm. 'Zijuan' in Yunnan province, 'Zhonghuang' series in Zhejiang province and 'Huangjincha' series in Hunan province are successful cases of elite tea germplasm development and utilization. There are new findings in the domestication on cultivated tea plant. The mining of stable and main QTLs, functional genes, and beneficial alleles of important agronomic traits, the biosynthesis pathway of catechins and alkaloids provides the possibility of molecular breeding in tea plant.

To reinforce the collection of wild tea plants, landraces and external tea germplasms, to enhance the research on conversation biology, to fasten the fine evaluation and germplasm innovation, and to strengthen the research talent cultivation would be of the high priority in the tea germplasm research field in the near future.

Written by Chen Liang, Fang Wanping, Zhu Xujun

Advances in Tea Plant Breeding

The diversified demand of tea consumers led to the changes in priorities of tea plant breeding towards diversification, precision and specialization. In order to obtain broad and excellent mutants for breeding selection, both traditional and new technologies were applied to innovate breeding materials. F1 generations with prominent heterosis were obtained by applying "artificial crossing with double-clone tea plants". Mutants with excellent characters including resistances to pests, diseases and salt, as well as cold hardness, low caffeine, high fragrance were obtained by applying new technologies such as ^{60}Co-gamma ray radiation technique, space mutation technique and transgenic technique. The application of metabonomics, proteomics and chromatographic techniques made the quality identification in tea breeding more accurate. The resistance tea breeding was promoted by applying chemical ecology technology based on the interaction between tea plant and insects, resistance enzyme identification and related gene labeling technology. The identification of photosynthetic vitality and computer modelization technology improved the prediction accuracy of new cultivars' yield. During 2010 to 2016, 37 new clonal tea cultivars were authorized by national level identification, 56 new clonal tea cultivars were authorized by provincial level approval, identification or registration, and 37 new clonal tea cultivars were authorized with new plant variety rights. The propagation of new tea cultivars was promoted by application of new techniques including "mulching cutting technology", "combination of greenhouse technology combined and mulching film", "high density and efficient cutting", "cutting pretreatment with auxin solution", "non-woven fabric nursery bag" and "cutting with all-day lighting and atomizing", resulting in speed extension of improved tea cultivars. The rate of tea fields cultivated with improved clonal tea cultivars reached 58.6% of national total tea fields at the end of 2016.

However, the directed mutagenesis technology of breeding materials, the precision breeding technology and the functional breeding research should be improved in China, compared to the countries that have been excellent in tea researches.

Written by Liang Yuerong, Cheng Hao, Zheng Xinqiang, Wei Kang, Wang Liyuan, Ruan Li

Advances in Tea Cultivation

The soil conditions of tea plantations as well as the proper management of water and fertilizers are requisites for tea plant growth and quality construction. This paper reviews the research progresses in recent five years on the topics of the dynamics of soil properties of tea gardens, the functions of nutrients associating with the metabolism of tea quality related components and the underneath molecular mechanisms, the management technologies of nutrition, heavy metals and rare earth elements in tea soils and their accumulation in plants. In addition to the works of the dynamics of organic matter in tea soil following the plantation establishment, the contribution of carbon storage in tea ecosystems to the global C cycling has been highlighted. Molecular biological approaches are increasingly applied to the study of the community and evolvement of microbes in tea soils. Meanwhile advancements in the evaluation of soil quality, the mechanism and ameliorative measures of soil acidification have been made. The recent progresses in the area of nutrition have greatly deepened our understandings of the functions of nutrients such as nitrogen, phosphorus and potassium on the metabolism of quality components. The characteristics of nutrient absorption were elucidated at molecular and physiological levels and putative genes of several nutrient transporters were cloned. Adoption of mechanical fertilization, fertigation and controlled releasing chemical fertilizers were recommended as measures of proper nutrient management to improve utilization efficiency while the environmental impacts of fertilization such as emission of greenhouse gases gained considerable focus. On the other hand, progresses were made in the field of safety of tea products as heavy metals and rare earth elements in the soils and their accumulation in tea plants are concerned.

Written by Liu Meiya, Yi Xiaoyun, Jiang Fuying, Shi Yuanzhi, Ma Lifeng, Zhang Qunfeng, Ni Kang, You Zhiming, Ruan Jianyun

Advances in Tea Plant Protection

This report reviews important research progress in tea plant protection in the last five years. Firstly, the main diseases and insect species of tea plant in China were reacquainted by molecular methods and morphological identification. The correct scientific name of tea green leafhopper is *Empoasca* (Matsumurasca) *onukii* Matsuda, rather than *Empoasca vitis* (obliqua); the commonly called tea geometrid actually contains two species, *Ectropis obliqua* Prout and *E. grisescens* Warren; ten more *Colletotrichum* species could cause the anthracnose of tea plants, *Colletotrichum camelliae* being a main causal agent. Secondly, the development of new products dramatically improved the quality and efficiency of physical control in tea plantation. By digitizing the most effective color, the standardized and efficient color sticky traps were developed for trapping tea leafhoppers. This sticky trap had a total sales volume of more than ten million. LED insecticidal lamp was developed according to the different spectrum of phototaxis between insect pests and natural enemies in tea plantation. This insecticidal lamp was accurate and efficient for trapping pest, and greatly reduced the harm to natural enemies. Thirdly, important progress has been made in the rational application of chemical insecticides on tea plants. The concept was first internationally proposed that the level of pesticide residue in tea infusion should be regarded as the major index of pesticide safety and the Ret up of maximum residue limits for pesticides in tea. It was accepted by Codex Committee on Pesticide Residues. A high-risk warning was proposed in China's tea industry about the high water-soluble pesticide, imidacloprid and acetamiprid. Several highly effective and low water-soluble pesticides were screened out as substitutes, and were used broadly in major tea producing areas of China. According to the international trend, tea plant protection in China should strengthen the breeding of diseases-and pests-resistant varieties, improve the predicting and forecasting system, and enhance the green control technical system in future.

Written by Chen Zongmao, Peng Ping, Cai Xiaoming

Advances in Tea Manufacture

In order to promote labor-saving and improving product quality, the tea processing industry has made systematic research on the theory and upgrading of tea processing technology, developing new equipment, exploring new product and so on since 2011. A batch of new equipment and new technology has been successfully developed. The microbial fermentation technology of dark tea and color selection technology have made significant breakthroughs. Meanwhile the basic research of tea processing has made massive progress. Compared with other tea producing countries, China has made great progress in automatic control of green tea and black tea. In particular, the general technology of black tea has been at the forefront of the world, with continuously emerging achievements. With the exacerbation of resources scarcity and the escalation of consumer's demand, the tea processing industry should be aimed at solving the industrial problems and targeting the international forefront, and focusing on the orientation and standardization of product quality, as well as the intelligence and low carbonization of processing operations. Moreover, the tea processing industry should rationalize the overall layout of basic research, applied research and technology development, as well as strengthening the interdisciplinary and high-tech applications, in order to promote the development in future.

Written by Jiang Yongwen, Zhang Zhengzhu, Yuan Haibo,
Ning Jingming, Hua Jinjie, Dong Chunwang, Li daxiang

Advances in Tea Deep-processing

Tea Deep-processing is an effective way to optimize the production of autumn or summer tea and low-grade tea, which will enhance the value of tea and extend the production chain of tea industry. In recent years, a series of advances have been made in the study of deep processing technology of tea in China. Enzyme engineering, ultrasonic extraction, microwave extraction, ultrahigh pressure extraction, subcritical, supercritical CO_2 extraction technology, reverse osmosis membrane enrichment, rotating centrifugal concentration, scraper film forming technology, low negative pressure evaporation technology, new technologies such as functional component in tea has been successfully used in the extract. New column chromatographic separation media, such as wood fiber resin, chitosan resin and bamboo fiber, have been widely used. The preparation of EGCG monomers has achieve the tonnage scale production. The processing technology of separation and purification of natural L-Theanine from the water eluting solution of catechin process and the low-concentration alcohol eluting solution is becoming increasingly mature. The enzymatic biosynthesis, chemical synthesis and the separation of DL-Theanine racemes were made. A new breakthrough was made in the preparation of theaflavins from enzymatic oxidation of different sources and the purification of the components of theaflavins. In terms of the technology of instant tea, a series of new extraction, concentration, drying and forming technology and equipment have been developed, which has laid a solid technical foundation for improving the flavor quality of instant tea. In tea and beverage processing, various enzyme preparations have been successfully used to improve the concentration of tea juice, improve the taste quality of tea, and prevent the formation of sediment in tea drinks. Functional instant tea and Functional liquid tea beverages became the new development trend of tea beverage. EGCG, theanine, tea plant flower, tea seed oil have been listed as new resources of food. Tea food, functional tea leisure food, tea personal care products, tea wine and other new products of tea deep processing have been developed successfully, and have become trendy modern consumption.

Written by Liu Zhonghua, Wang Yuefei, Yin Junfeng, Li Qin, Zhang Sheng, Xu Ping, He Puming, Wang Kunbo, Xiao Wenjun

Advances in Tea and Human Health

This paper reviews researches on the preventing function and mechanism of tea drinking on cancer prevention, prevention of cardiovascular disease, lipid lowering and weight reducing effect, prevention of diabetes, antibacterial and antivirus action and prevention of neuro-degeneration disease of human in recent years. With regarding the functional components which are related with the health-protecting effects of tea, the research progress on the function on human health of components were reviewed according to the groups of catechins, flavonoids and its glycosides, theaflavins, thearubigins, anthocyanidin, purines, phenolic acid and polysaccharides. The mechanism of the different experimental results on the prevention of cancers between the experimental animals and human were analyzed in this paper. One is the significant differences found in the concentration of active concentrations in the blood of experimental animals and human who drank tea, thus leading to the difference in the cancer prevention effect between experimental animals and human. The second is that the amounts of hydroxyl groups on the chemical structure of tea catechins are important factors influencing the bioavailability of human after drinking tea. Aimed at the above-mentioned analysis, investigations on the modification of the chemical structure of catechins with the purpose of improving the concentration of active components in the target organs conducted in China and abroad were introduced in this paper. The intoxicating events due to the consumption of weight reducing health care products that include excess amounts of tea polyphenol compounds and other harmful additives reported in Europe were reviewed. In the final part of the paper, the refining and differentiating investigation on the health-protecting activity of various kinds of tea were put forward in future researches of healthy function after tea drinking. Investigation on the mechanism of health-protecting function of tea components is also needed to intensify in the future research.

Written by Chen Zongmao, Lin Zhi, Liu Zhonghua, Wang Yuefei

Advances in Tea Plant Molecular Biology

Significant advances in tea plant molecular biology in China have been achieved since 2010. Tea genome sequence information has recently been released. Studies of transcriptomics, proteomics and metabolomics have been comprehensively conducted on diverse areas of tea plant biology and tea product manufacturing processes, with mega-datasets generated for further studies. Great progress has been made in the fields of the secondary metabolism, regulation of plant growth and development, stress resistance, reproductive biology and leaf color variation in tea plants.

Studies on tea secondary metabolism revealed two-step galloylation of a catechin molecule and its regulatory genes. Functional characterization and expression patters of multiple structural and regulatory genes in phenylpropanoid and flavonoid pathways have been conducted. Genes encoding N-methyltransferases in tea have been examined for their roles in caffeine biosynthesis. Both glutamine and ethylamine were found as indispensable precursors for tea theanine biosynthesis, which can be catalyzed by glutamine synthase. Molecular mechanisms controlling tea terpenoid volatiles have been studied and implementation of linalool/nerolidol synthase gene in the two terpenoid volatile biosynthesis in tea plants has been demonstrated, with involvement of alternative transcription splicing regulation.

Signaling mechanisms underlying tea plant responses to stress conditions with involvement of miRNA regulation have started to be revealed. Transcriptomic changes due to herbivoery and pathogen damages have been explored in-depth. In addition, some tea genes related to abiotic stress resistance such as E3 ubiquitin ligase and dehydrin genes have also been studied. Moreover, molecular mechanisms of reproductive biology in tea plants have started to be elucidated and ubiquitination pathway and Ca^{2+} signaling pathway were found being involved.

Studies on the mechanisms controlling tea leaf color variation revealed transcriptomic reprogramming and metabolic redirection in the abnormal tea cultivars compared to common green leaf cultivars, with emphases on tea characteristic metabolites related to tea product quality.

Compared against the global development of tea sciences, tea genetic transformation technology and functional genome studies in China still lag behind. However, tea genome and different Omics studies in China is taking the lead. In near future, our efforts would be made to establish practical tea genetic transformation protocols, to construct a fine map of tea genome, and to disect complex regulatory networks of tea traits important to tea product quality and productivity.

Written by Xia Tao, Wang Xinchao, Wei Shu, Gao Liping, Deng Weiwei, Wang Lu, Hao Xinyuan, Li Nana

Advances in Tea Quality and Safety

In recent years, tea quality and safety has become a heated and prominent topic of tea research. Rapid progress has been made in the quality standard, detection technology and risk assessment of tea.

China's tea standards have been revised for three times; the maximum pesticide residue limits in tea have increased to 48 items, which is stricter than the CAC standard.

New progress has been made in the rapid, high-throughput, and accuracy analysis of the pesticide residue detection. The improved QuChERS method was used to improve the purification effect of tea matrix. Some novel materials such as carbon nanotubes, Fe_3O_4 nanoparticles, graphene and so on show good applications in tea matrix purification. The determination of a total of 653 pesticide residues in tea was achieved by using GC-MS/MS and HPLC-MS/MS. A method based on high-resolution mass spectrometry (TOF and orbitrap) for the multiresidue analysis of 272 pesticides in tea was also established. The chiral separation of enantiomers of epoxiconazole, indoxacarb, acephate and methamidophos was completed.

ICP-OES and ICP-MS have become routine methods for elemental detection and are also used in element morphology and valence state studies.

Study on the aroma compounds in tea has been a hot topic. A total of 102 volatile compounds were identified by headspace solid-phase microextraction (HS-SPME) and gas chromatography-mass spectrometry (GC-MS). 29 kinds of active aroma compounds were identified by gas chromatography-sniffing (GC-O).

The application of electronic tongue, electronic nose, near infrared spectroscopy and other technologies in the tea quality analysis goes further. Stable isotope determination and multi-mineral element determination are effective tea origin traceability techniques.

Risk assessment of tea quality and safety was launched in China. The dietary exposure of Chinese tea has been established. Risk assessments of pesticides such as emamectin benzoate and chlorpyrifos have been conducted with low safety risks. The fluorine and rare earth elements in tea were assessed. For adult brick tea consumers (P95), daily exposure of rare earth elements accounted for 1.13% to 3.90% of ADI. The rare earth limit has now been removed from China's new national standard for tea.

Written by Liu Xin, Wang Qinghua, Chen Hongping, Ma Guicen, Zhang Jianyang, Wang Chen, Tong Huarong, Zhang Yingbin, Chen Liyan, Lu Chengyin

Advances in Tea Industry Economic Research

The tea industry in China has been developing rapidly in recent years. Researchers have made joint efforts in researches focusing on China's tea production, consumption, circulation and tea trade throughout the supply chain, based on the characteristics of the era and the status quo of the industry. Agricultural extension system construction, technical training, and pesticides regulation are beneficial to tea quality safety from the tea garden. With the expansion of the tea consumption market in China, tea consumption structure has been constantly adjusting, in which the proportion of middle-grade tea has increased. Young consumers have become a potential driving force for tea consumption in China; consumers' preference is diversified and personalized, and the consumer market is more divided. The e-commerce in the tea industry has developed fast, and the relation between online and offline channels has changed from competition to integration, which has boosted tea consumption. Brand has become an important factor affecting tea consumption, and the tea industry in China has entered a stage of brand competition. In the international market, the health and plant quarantine measures (SPS) have become main obstacles against Chinese tea export. Industrial technology upgrading is the fundamental way to break through trade barriers. In the context of tea production increasing, and tea market competition becoming fiercer, the effect of tea production cost, especially labor costs rising, and the influence of extreme climate change has become common challenges of the world's major tea producing countries who, as a result, hope to improve tea production efficiency and reduce production costs through technical innovation and tea mechanization.

At present, China has entered the new era of socialism with Chinese characteristics; future researches need to be focused on green production, tea brand building, tea circulation channels change, tea consumption, and tertiary integration of tea, aiming to serve the industry development.

Written by Jiang Renhua, Jiang Aiqin, Zhang Fei, Chen Fuqiao, Hu linying, Du Pei, Lin Mengxing

索 引

A

安全性 24，25，65，77，79，82，83，93

B

标准体系 10，107，111

C

茶氨酸 4，5，9，15，16，34，35，40，43，44，49，52，68，75，78，80–82，85，91，95，96，98，101

茶保健食品 24，80，82，83

茶产业经济 4，11，19，25，113，117，118

茶尺蠖 4，7，17，59–63，99

茶畜禽饲料 81，83

茶多酚 9–11，19，25，31，40，49，50，52，53，68，75，77，79–82，84，85，87，88，90–94

茶多糖 75，78，79，86

茶个人护理品 9，80–82

茶黄素 9，11，39，70，75，78，80，82，85，86，89–91

茶树病虫害监测预警系统平台 7，63

茶树分子生物学 4，5，14，15，21，95，96，101–103

茶树花 9，43，79，81，82

茶树育种 6，15，17，22，29，38，39，41，42，44，64

茶树栽培 16，22，29，33，47，52

茶树栽培驯化 29，33

茶树种质资源 4，5，14，15，21，23，29–37，56，65

茶小绿叶蝉 4，7，8，17，59，61–64

茶叶加工 3，4，8，12–14，17，18，23，67–70，72，73，79，107，114，118

茶叶贸易 115

茶叶深加工 9，18，23，75，77，78，83，84，116，119

茶叶消费 11，12，19，25，75，107，110，113–115，117–119

茶叶质量安全 4，9–11，13，14，18，20，24，59，106–113，116，117

茶园土壤 4，6，7，16，20，22，47，48，50–55，108

茶皂素　63，75，79-82，86
产量鉴定　6，40

D

代谢组学　4-6，16，43，72，96，97，101，110
蛋白质组学　6，55，96
定向诱变　15，42

E

儿茶素　4，5，8，9，11，15，31，32，34，35，37，39，41-43，46，49，52，68，75-79，82，84，85，91-93，96，97，100，101，106

F

发酵　8，9，43，68-70，73，76，77，80，83-86，91
分子育种　22，34，38-40，44

G

干燥　8，9，68-70，76，82，84
高通量测序　4，22，55，95，100，101
功能基因　4，15，21，29，34，36，55，95-97，99，102，103
功能性成分　15，35，80，83，91，92
功能育种　16，42，43

J

基因组　4-6，14，15，20，21，32-34，36，55，95-97，99，102，103
检测技术　4，9，10，18，23，24，70，72，73，103，106，108-111，117
减肥降脂　10，88，89，93
精加工　71
精准鉴定　22，36，43

K

咖啡碱　4-6，11，15，32，34，35，39，41-44，49，50，52，68，75-77，79，89，95-99，102，106
抗性鉴定　6，40
可利用性　10，25，87，93
矿质元素　48，49，91

L

良种繁育　15，40，42
流通渠道　11，25，115，118

M

贸易壁垒　12，115，116，119

N

逆境响应　99
农药残留　4，8-10，12，18，24，44，60，63，64，83，106，108-111，116

P

品质成分鉴定　107，112
品质鉴定　6，39，109

Q

扦插　6，40-42

R

揉捻　8，67-69

S

杀青 8，68，69，74
神经退行性疾病 11，90，91
生物信息 22，55，103
生长发育 5，15，16，43，50，51，54，95，99，100
施肥技术 14，16，47，48，50，54
数字化色板 7，62
水溶性农药 8，60，61，108
速溶茶 9，24，60，75，76，79，81-84
溯源技术 24，107，109-111

T

摊放 69
炭疽病 4，15，17，35，59，60，64，99
糖尿病 10，11，89，90，91
提香 8，69，70
萜烯类物质 95，98
土壤酸化 4，16，22，48，50，53-55
土壤微生物 16，22，48，53-55
土壤有机质 6，16，47，48，53，54

W

萎凋 8，67-69，74
渥堆 4，8，68-71
无性系品种 35，36，41，42
物理特性 23，67，68

X

稀土元素 47，50，52，53，108
心血管疾病 10，19，88，89，92
性信息素 7，17，61，62，64，66

Y

叶色变异 15，35，100
液态茶 75，76，81
遗传多样性 4，5，14，29-35，37，39，45，53，55，100
饮茶 8，10，11，19，20，60，64，83，87-89，91-94，117
诱变育种 6，38，39，41
原生境保护 21，30，36

Z

杂交育种 32，38，41
栽培生理 47，52
种质圃 29
重金属元素 10，24，52，53，106，111
转基因 4，6，15，22，39，42-44，102